新型建造方式与工程项目管理创新丛书　分册 9

精益建造理论与实践

尤　完　袁正刚　郭　海　郭中华　著

中国建筑工业出版社

图书在版编目（CIP）数据

精益建造理论与实践 / 尤完等著. —北京：中国建筑工业出版社，2023.5
（新型建造方式与工程项目管理创新丛书；9）
ISBN 978-7-112-26778-1

Ⅰ. ①精… Ⅱ. ①尤… Ⅲ. ①建筑工程—施工管理—研究 Ⅳ. ①TU71

中国版本图书馆CIP数据核字（2021）第211098号

精益建造是精益生产理论在建筑业的应用。本书立足于理论创新和工程实践，通过引进精益制造理论，改造传统建筑施工管理过程，创建基于精益建造理论的建设工程项目管理体系，指导建设工程项目施工过程走精益化管理之路，提高建筑施工企业的管理水平，为实现建筑业高质量发展开辟新途径。

本书内容主要包括国内外精益建造研究现状、精益建造的基础管理技术方法、构建基于精益建造的项目管理体系、精益建造施工流水生产线、精益建造全要素供应链管理、数字化精益建造管理解决方案、与新型建造方式的融合、建筑业精益建造实践案例分析等。

本书可供工程建设领域技术和管理人员、大专院校师生和对精益建造感兴趣的读者学习参考。

责任编辑：周方圆
版式设计：锋尚设计
责任校对：董　楠

新型建造方式与工程项目管理创新丛书　分册 9
精益建造理论与实践
尤　完　袁正刚　郭　海　郭中华　著
*
中国建筑工业出版社出版、发行（北京海淀三里河路9号）
各地新华书店、建筑书店经销
北京锋尚制版有限公司制版
北京富诚彩色印刷有限公司印刷
*
开本：787毫米×1092毫米　1/16　印张：10¼　字数：185千字
2023年6月第一版　2023年6月第一次印刷
定价：45.00元
ISBN 978-7-112-26778-1
（38598）

课题研究及丛书编写指导委员会

课题研究及丛书编写委员会

徐　坤　中建科工集团有限公司总工程师
刘明生　陕西建工控股集团有限公司党委常委、董事
王海云　黑龙江建工集团公司顾问总工程师
王永锋　中国建筑第五工程局华南公司总经理
张宝海　中石化工程建设有限公司EPC项目总监
李国建　中亿丰建设集团有限公司总工程师
张党国　陕西建工集团创新港项目部总经理
苗林庆　北京城建建设工程有限公司党委书记、董事长
何　丹　宏盛建业投资集团公司总工程师
李继军　山西四建集团有限公司副总裁
陈　杰　天一建设集团有限公司副总工程师
钱　红　江苏苏中建设集团总工程师
蒋金生　浙江中天建设集团总工程师
安占法　河北建工集团总工程师
李　洪　重庆建工集团副总工程师
黄友保　安徽水安建设公司总经理
卢昱杰　同济大学土木工程学院教授
吴新华　山东科技大学工程造价研究所所长

课题研究与丛书编写委员会办公室

主　任：贾宏俊　尤　完

副主任：郭中华　李志国　邓　阳　李　琰

成　员：朱　彤　王丽丽　袁金铭　吴德全

丛书总序

2021年是中国共产党成立100周年，也是“十四五”期间全面建设社会主义现代化国家新征程开局之年。在这个具有重大历史意义的年份，我们又迎来了国务院五部委提出在建筑业学习推广鲁布革工程管理经验进行施工企业管理体制改革35周年。

为进一步总结、巩固、深化、提升中国建设工程项目管理改革、发展、创新的先进经验和做法，按照党和国家统筹推进“五位一体”总体布局，协调推进“四个全面”战略布局，全面实现中华民族伟大复兴“两个一百年”奋斗目标，加快建设工程项目管理资本化、信息化、集约化、标准化、规范化、国际化，促进新阶段建筑业高质量发展，以适应当今世界百年未有之大变局和国内国际双循环相互促进的新发展格局，积极践行“一带一路”建设，充分彰显建筑业在经济社会发展中的基础性作用和当代高科技、高质量、高动能的“中国建造”实力，努力开创我国建筑业无愧于历史和新时代新的辉煌业绩。由山东科技大学、中国亚洲经济发展协会建筑产业委员会、中国（双法）项目管理研究专家委员会发起，会同中国建筑第八工程局有限公司、中国建筑第五工程局有限公司、中建科工集团有限公司、陕西建工集团有限公司、北京城建建设工程有限公司、天一投资控股集团有限公司、河南国基建设集团有限公司、山西四建集团有限公司、广联达科技股份有限公司、瑞和安惠项目管理集团公司、苏中建设集团有限公司、江中建设集团有限公司等三十多家企业和西北工业大学、中国社科院大学、同济大学、北京建筑大学等数十所高校联合组织成立了《中国建设工程项目管理发展与治理体系创新研究》课题研究组和《新型建造方式与工程项目管理创新丛书》编写委员会，组织行业内权威专家学者进行该课题研究和撰写重大工程建造实践案例，以此有效引领建筑业绿色可持续发展和工程建设领域相关企业和不同项目管理模式的创新发展，着力推动新发展阶段建筑业转变发展方式与工程项目管理的优化升级，以实际行动和优秀成果庆祝中国共产党成立100周年。我有幸被邀请作为本课题研究指导委员会主任委员，很高兴和大家一起分享了课题研究过程，颇有一些感受和收获。该课题研究注重学习追踪和吸收国内外业内专家学者研究的先进理念和做法，归纳、总结我国重大工程建设的成功经验和国际工程的建设管理成果，坚持在研究中发现问题，在化解问题中深化研究，体现了课题团队深入思考、合作协力、用心研究的进取意识和奉献精神。课题研究内容既全面深入，又有理论与实践相结合，其实效性与指导性均十分显著。

一是坚持以习近平新时代中国特色社会主义思想为指导，准确把握新发展阶段这个战略机遇期，深入贯彻落实创新、协调、绿色、开放、共享的新发展理念，立足于构建以国内大循环为主题、国内国际双循环相互促进的经济发展势态和新发展格局，研究提出工程项目管理保持定力、与时俱进、理论凝练、引领发展的治理体系和创新模式。

二是围绕“中国建设工程项目管理创新发展与治理体系现代化建设”这个主题，传承历史、总结过去、立足当代、谋划未来。突出反映了党的十八大以来，我国建筑业及工程建设领域改革发展和践行“一带一路”国际工程建设中项目管理创新的新理论、新方法、新经验。重点总结提升、研究探讨项目治理体系现代化建设的新思路、新内涵、新特征、新架构。

三是回答面向“十四五”期间向第二个百年奋斗目标进军的第一个五年，建筑业如何应对当前纷繁复杂的国际形势、全球蔓延的新冠肺炎疫情带来的严峻挑战和激烈竞争的国内外建筑市场，抢抓新一轮科技革命和产业变革的重要战略机遇期，大力推进工程承包，深化项目管理模式创新，发展和运用装配式建筑、绿色建造、智能建造、数字建造等新型建造方式提升项目生产力水平，多方面、全方位推进和实现新阶段高质量绿色可持续发展。

四是在系统总结提炼推广鲁布革工程管理经验35年，特别是党的十八大以来，我国建设工程项目管理创新发展的宝贵经验基础上，从服务、引领、指导、实施等方面谋划基于国家治理体系现代化的大背景下“行业治理—企业治理—项目治理”多维度的治理现代化体系建设，为新发展阶段建设工程项目管理理论研究与实践应用创新及建筑业高质量发展提出了具有针对性、实用性、创造性、前瞻性的合理化建议。

本课题研究的主要内容已入选住房和城乡建设部2021年度重点软科学题库，并以撰写系列丛书出版发行的形式，从十多个方面诠释了课题全部内容。我认为，该研究成果有助于建筑业在全面建设社会主义现代化国家的新征程中立足新发展阶段，贯彻新发展理念，构建新发展格局，完善现代产业体系，进一步深化和创新工程项目管理理论研究和实践应用，实现供给侧结构性改革的质量变革、效率变革、动力变革，对新时代建筑业推进产业现代化、全面完成“十四五”规划各项任务，具有创新性、现实性的重大而深远的意义。

真诚希望该课题研究成果和系列丛书的撰写发行，能够为建筑业企业从事项目管理的工作者和相关企业的广大读者提供有益的借鉴与参考。

二〇二一年六月十二日

张基尧

中共第十七届中央候补委员，第十二届全国政协常委，人口资源环境委员会副主任

国务院原南水北调工程建设委员会办公室主任，党组书记（正部级）

曾担任鲁布革水电站和小浪底水利枢纽、南水北调等工程项目总指挥

丛书前言

改革开放40多年来，我国建筑业持续快速发展。1987年，国务院号召建筑业学习鲁布革工程管理经验，开启了建筑工程项目管理体制和运行机制的全方位变革，促进了建筑业总量规模的持续高速增长。尤其是党的十八大以来，在以习近平同志为核心的党中央坚强领导下，全国建设系统认真贯彻落实党中央“五位一体”总体布局和“四个全面”的战略布局，住房城乡建设事业蓬勃发展，建筑业发展成就斐然，对外开放度和综合实力明显提高，为完成投资建设任务和改善人民居住条件做出了巨大贡献。从建筑业大国开始走向建造强国。正如习近平总书记在2019年新年贺词中所赞许的那样：中国制造、中国创造、中国建造共同发力，继续改变着中国的面貌。

随着国家改革开放的不断深入，建筑业持续稳步发展，发展质量不断提升，呈现出新的发展特征：一是建筑业现代产业地位全面提升。2020年，建筑业总产值263 947.04亿元，建筑业增加值占国内生产总值的比重为7.18%。建筑业在保持国民经济支柱产业地位的同时，民生产业、基础产业的地位日益凸显，在改善和提高人民的居住条件生活水平以及推动其他相关产业的发展等方面发挥了巨大作用。二是建设工程建造能力大幅度提升。建筑业先后完成了一系列设计理念超前、结构造型复杂、科技含量高、质量要求严、施工难度大、令世界瞩目的高速铁路、巨型水电站、超长隧道、超大跨度桥梁等重大工程。目前在全球前10名超高层建筑中，由中国建筑企业承建的占70%。三是工程项目管理水平全面提升，以BIM技术为代表的信息化技术的应用日益普及，正在全面融入工程项目管理过程，施工现场互联网技术应用比率达到55%。四是新型建造方式的作用全面提升。装配式建造方式、绿色建造方式、智能建造方式以及工程总承包、全过程工程咨询等正在成为新型建造方式和工程建设组织实施的主流模式。

建筑业在取得举世瞩目的发展成绩的同时，依然还存在许多长期积累形成的疑难问题和薄弱环节，严重制约了建筑业的持续健康发展。一是建筑产业工人素质亟待提升。建筑施工现场操作工人队伍仍然是以进城务工人员为主体，管理难度加大，施工安全生产事故呈现高压态势。二是建筑市场治理仍需加大力度。建筑业虽然是最早从计划经济走向市场经济的领域，但离市场运行机制的规范化仍然相距甚远。挂靠、转包、串标、围标、压价等恶性竞争乱象难以根除，企业产值利润率走低的趋势日益明显。三是建设工程项目管理模式存在多元主体，各自为政，互相制约，工程实施主体责任不够明确，监督检查与工程实际脱节，严重阻碍了工程项目管理和工程总体质量协同发展提升。四是创新驱动发展动能不足。由于建筑业的发展长期依赖于固定资产投资的拉动，同时企业自身资金积累有限，因而导致科技创新能力不足。在新常态背景下，当经济发展动能从要素驱动、投资驱动转向创新驱动时，对于以劳动密集型为特征的建筑业而言，创新驱动发展更加充满挑战性，创新能力成为建筑业企业发展的短板。这些影响建筑业高质量发展的痼疾，必须要彻底加以革除。

目前，世界正面临着百年未有之大变局。在全球科技革命的推动下，科技创新、传播、应用的规模和速度不断提高，科学技术与传统产业和新兴产业发展的融合更加紧密，一系列重大科技成果以前所未有的速度转化为现实生产力。以信息技术、能源资源技术、生物技术、现代制造技术、人工智能技术等为代表的战略性新兴产业迅速兴起，现代科技新兴产业的深度融合，既代表着科技创新方向，也代表着产业发展方向，对未来经济社会发展具有重大引领带动作用。因此，在这个大趋势下，对于建筑业而言，唯有快速从规模增长阶段转向高质量发展阶段、从粗放型低效率的传统建筑业走向高质高效的现代建筑业，才能跟上新时代中国特色社会主义建设事业发展的步伐。

现代科学技术与传统建筑业的融合，极大地提高了建筑业的生产力水平，变革着建筑业的生产关系，形成了多种类型的新型建造方式。绿色建造方式、装配建造方式、智能建造方式、3D打印等是具有典型特征的新型建造方式，这些新型建造方式是建筑业高质量发展的必由路径，也必将有力推动建筑产业现代化的发展进程。同时还要看到，任何一种新型建造方式总是与一定形式的项目管理模式和项目治理体系相适应的。某种类型的新型建造方式的形成和成功实践，必然伴随着项目管理模式和项目治理体系的创新。例如，装配式建造方式是来源于施工工艺和技术的根本性变革而产生的新型建造方式，则在项目管理层面上，项目管理和项目治理的所有要素优化配置或知识集成融合都必须进行相应的变革、调整或创新，从而才能促使工程建设目标得以顺利实现。

随着现代工程项目日益大型化和复杂化，传统的项目管理理论在解决项目实施过程中的各种问题时显现出一些不足之处。1999年，Turner提出“项目治理”理论，把研究视角从项目管理技术层面转向管理制度层面。近年来，项目治理日益成为项目管理领域研究的热点。国外学者较早地对项目治理的含义、结构、机制及应用等问题进行了研究，取得了较多颇具价值的研究成果。国内外大多数学者认为，项目治理是一种组织制度框架，具有明确项目参与方关系与治理结构的管理制度、规则和协议，协调参与方之间的关系，优化配置项目资源，化解相互间的利益冲突，为项目实施提供制度支撑，以确保项目在整个生命周期内高效运行，以实现既定的管理战略和目标。项目治理是一个静态和动态相结合的过程：静态主要指制度层面的治理；动态主要指项目实施层面的治理。国内关于项目治理的研究正处于起步阶段，取得一些阶段性成果。归纳、总结、提炼已有的研究成果，对于新发展阶段建设工程领域项目治理理论研究和实践发展具有重要的现实意义。

党的十九届五中全会审议通过的《中共中央关于制定国民经济和社会发展第十四个五年规划和二〇三五年远景目标的建议》，着眼于第二个百年奋斗目标，规划了“十四五”乃至2035年间我国经济社会发展的目标、路径和主要政策措施，是指引全党、全国人民实现中华民族伟大复兴的行动指南。为了进一步认真贯彻落实党的十九届五中全会精神，准确把握新发展阶段，深入贯彻新发展理念，加快构建新发展格局，凝聚共识，团结一致，奋力拼搏，推动建筑业“十四五”高质量发展战略目标的实现，由山东科技大学、中国亚洲经济发展协会建筑产业委员会、中国（双法）项目管理研究专家委员会发起，会同中国建筑第八工程局有限公司、中国建筑第五工程局有限公司、中建科工集团有限公司、陕西建工集团有限公司、北京城建建设工程有限公司、天一投资控股集团有限公司、河南国基建设集团有限公司、山西四建集团有限公司、广联达科技股份有限公司、瑞和安惠项目管理集团公司、苏中建设集团有限公司、江中建设集团有限公司等三十多家企业和西北工业大学、中国社科院大学、同济大学、北京建筑大学等数十所高校联合组织成立了《中国建设工程项目管理发展与治理体系创新研究》课题，该课题研究的目的在于探讨在习近平新时代中国特色社会主义思想和党的十九大精神指引下，贯彻落实创新、协调、绿色、开放、共享的发展理念，揭示新时代工程项目管理和项目治理的新特征、新规律、新趋势，促进绿色建造方式、装配式建造方式、智能建造方式的协同发展，推动在构建人类命运共同体旗帜下的“一带一路”建设，加速传统建筑业企业的数字化变革和转型升级，推动实现双碳目标和建筑业高质量发展。为此，课题深入研究建设工程项目管理创新和项目治理体系的内涵及内容构成，着力探索工程总承包、全过程工程咨询等工程建设组织实施方式对新型建造方式的作用机制和有效路径，系统总结“一带一路”建设的国际化项目管理经验和创新举措，深入研讨项目生产力理论、数字化建筑、企业项目化管理的理论创新和实践应用，从多个层面上提出推动建筑业高质量发展的政策建议。该课题已列为住房和城乡建设部2021年软科学技术计划项目。课题研究成果除《建设工程项目管理创新发展与治理体系现代化建设》总报告之外，还有我们著的《建筑业绿色发展与项目治理体系创新研究》以及由吴涛著的《“项目生产力论”与建筑业高质量发展》，贾宏俊和白思俊著的《建设工程项目管理体系创新》，校荣春、贾宏俊和李永明编著的《建设项目工程总承包管理》，孙丽丽著的《“一带一路”建设与国际工程管理创新》，王宏、卢昱杰和徐坤著的《新型建造方式与钢结构装配式建造体系》，袁正刚著的《数字建筑理论与实践》，宋蕊编著的《全过程工程咨询管理》《建筑企业项目化管理理论与实践》，张基尧和肖绪文主编的《建设工程项目管理与绿色建造案例》，尤完和郭中华等著的《绿色建造与资源循环利用》《精益建造理论与实践》，沈兰康和张党国主编的《超大规模工程EPC项目集群管理》等10余部相关领域的研究专著。

本课题在研究过程中得到了中国（双法）项目管理研究委员会、天津市建筑业协会、河南省建筑业协会、内蒙古建筑业协会、广东省建筑业协会、江苏省建筑业协会、浙江省建筑施工协会、上海市建筑业协会、陕西省建筑业协会、云南省建筑业协会、南通市建筑业协会、南京市住房城乡建设委员会、西北工业大学、北京建筑大学、同济大学、中国社科院大学等数十家行业协会、建筑企业、高等院校以及一百多位专家、学者、企业家的大力支持，在此表示衷心感谢。《中国建设工程项目管理发展与治理体系创新研究》课题研究指导委员会主任、国务院原南水北调办公室主任张基尧，第十届全国人大环境与资源保护委员会主任毛如柏，原铁道部常务副部长、中国工程院院士孙永福亲自写序并给予具体指导，为此向德高望重的三位老领导、老专家致以崇高的敬意！在研究报告撰写过程中，我们还参考了国内外专家的观点和研究成果，在此一并致以真诚谢意!

二〇二一年六月三十日

肖绪文

中国建筑集团首席专家，中国建筑业协会副会长、绿色建造与智能建筑分会会长，中国工程院院士。本课题与系列丛书撰写总主编。

本书前言

精益建造来源于制造业的精益生产，在弘扬准时交付、消除浪费、降低成本、提高品质等精益思想的同时，也引发建筑业的生产工艺、施工技术、机械设备、现场施工操作向着工业级控制精度等级迈进，这是建筑业的一场深刻的变革。

精益制造所提供的并行工程、准时生产方法、末位计划系统方法、作业成本法、6S现场管理方法、全员生产维护方法等同样可应用在工程建设领域，成为精益建造活动中有效的管理技术方法。

基于建筑业的特点和运行规律而建立的精益建造管理体系，反映了国内建筑企业在实践中的创新探索所总结的经验。书中展示的典型实践案例具有较大的实用价值和理论意义。

随着当代信息技术、先进制造技术、先进材料技术和全球供应链系统与传统建筑业相融合而产生的智能建造、绿色建造、装配式建造等新型建造方式成为推动建筑业高质量发展的主流生产方式，精益建造与新型建造方式的融合和协同发展，既是精益建造的发展趋势，也为精益建造开辟了更加广阔的应用领域。

党的二十大报告指出，高质量发展是全面建设社会主义现代化国家的首要任务。在碳达峰碳中和目标和数字化转型的背景下，建筑业高质量发展成为蕴含战略定位、发展方向、技术路径、规模增长、产业结构、综合效益、产品和服务品质等多个维度的系统工程。精益建造方式需要通过自我变革，持续助力建筑业实现高质量发展目标。

本书在编写过程中得到中国建筑业协会、中国建设教育协会、中建协工程项目管理与建造师分会、广联达科技股份有限公司、中国建筑第三工程局有限公司、中国建筑第五工程局有限公司、中国中铁六局集团有限公司、北京建筑大学、中国石化工程建设有限公司、华胥智源（北京）管理咨询有限公司、中国建筑出版传媒有限公司等单位学者和专家的大力支持，在此深表谢意！本书的部分内容还引用了国内外同行专家的观点和研究成果，在此一并致谢！对书中的缺点和错误，敬请各位读者批评指正！

二〇二三年二月十日

目录

第1章 绪论

在20世纪70年代，美国学者根据日本丰田汽车公司的实践，提出了精益生产的概念。精益生产是指用多种现代管理手段和方法，以社会需求为依据，以充分发挥人的作用为根本，有效配置和合理使用企业资源，最大限度地为企业谋求经济效益的一种新型生产方式。精益生产的最初出发点是消除无效劳动和浪费，交付用户所需要的产品。它既是一种管理模式，也是一种管理思想。精益建造是由精益生产延伸而来，精益生产是流动的产品和固定的人来生产；建筑施工是固定的产品，流动的人员来生产。建设工程项目具有复杂性和不确定性，所以精益建造不是简单地将精益生产的概念应用到建造中，而是根据精益生产的思想，结合工程建造的特点，对工程建造过程进行改造，形成功能完整的工程建造系统。

1.1 精益建造的内涵及原理

精益建造是以生产管理为基础，以精益思想原则为指导，对工程项目管理流程进行重新设计，在保证质量、最短的工期、消耗最少资源的条件下，以建造移交建筑产品为目标的新型项目管理模式。

1.1.1 精益建造的基础理论

精益建造思想是在转换模型理论、流动模型理论和价值生产理论三种基础生产理论互相作用的基础上形成的。精益建造的管理思想特点可以从四个方面来说明。第一是客户需求管理，对于工程项目而言，明确客户的需求是首要任务，只有深刻了解客户的期望，才能在工程实施过程中满足客户需要，实现客户满意的最终目标。第二是设计。在掌握了客户需要以及项目相关利益方的主要信息后就可以进行设计，传统的设计模式已经不能满足现代项目管理的要求，将精益思想应用到设计过程中已经成为必然趋势，这也是解决工程项目管理中存在的设计问题的最佳方案。第三是减少变化和标准化管理。可以说这是解决工程项目不可预见性大和单一性的主要方案，也是将制造业的成熟技术方法引进工程建设项目领域的重要手段。第四是绩效评价。绩效评价贯穿工程项目建设的全过程，在项目建设过程中评价所有的工作活动，对产生的数据进行分析，给出下一步的改进方案，实现项目管理绩效的持续改进。

1.1.2 精益建造的管理原则

原则1：消除浪费。

建筑企业中普遍存在典型的八大浪费现象，主要涉及过量生产、等待时间、运输、库存、过程（工序）、动作、产品缺陷以及忽视员工创造力。

原则2：关注流程，提高总体效益。

质量管理大师戴明（William Edwards Deming）说过："员工只需要对15%的问题负责，另外85%归咎于制度流程"。有什么样的流程就会产生什么样的绩效。改进流程的目标是提高总体效益，而不是提高局部的或是部门的效益，为了企业的总体效益即使牺牲局部的效益也在所不惜。

原则3：建立无间断流程，以快速应变。

建立无间断流程，将流程中不增值的无效时间尽可能压缩以缩短整个流程的时间，从而快速应对顾客的需要。

原则4：降低库存。

降低库存只是精益生产的其中一个手段，目的是解决问题和降低成本，而低库存需要高效的流程、稳定可靠的品质来保证。很多企业在实施精益建造时，没有从改造流程、提高品质着手，而是一味地要求降低库存，结果是成本不但没有降低反而急剧上升，这是需要极力避免的。

原则5：全过程的高质量，一次做对。

质量是制造出来的，而不是检验出来的。检验只是一种事后补救，不但成本高而且无法保证不出差错。因此，应将品质内建于设计、流程和制造过程之中，建立一个高效的品质保证系统，确保把事情一次做对。精益建造要求做到低库存、无间断流程，如果前序环节出现问题，后面的工序将全部停止，所以精益建造必须以全过程的高质量为基础。

原则6：基于顾客需求的拉动生产。

准时生产法（Just in Time，JIT）的本意是在需要的时候，仅按所需要的数量生产，生产与销售是同步的。也就是说，按照销售的节奏来安排生产，这样就可以保持物流的平衡，任何提前或延迟的生产都会造成损失。

原则7：标准化与工作创新。

标准化是将企业中最优秀的做法固定下来，使得不同的人经过简单训练后都可以做得最好，发挥最大成效和效率。但针对某一项业务的长期不变的标准可能会产生限制和束缚，因此，标准化不能是僵化的、一成不变的，标准需要不断地创新和改进。

原则8：尊重员工，给员工授权。

尊重员工就是要尊重其智慧和能力，给他们提供充分施展聪明才智的舞台，为企业也为自己做得更好。精益化管理的企业所聘用的是包含聪明智慧和体力在内的“一个完整的员工”，而传统企业只雇用了员工的“一双手”。

原则9：团队工作。

在精益化管理的企业中，灵活的团队式工作已经变成了一种最常见的组织形式。一个员工同时分属于不同的团队，负责完成不同的任务。例如，新产品开发计划，可以由一个庞大的团队负责推动，团队成员来自营销、设计、工程、制造、采购等不同的部门，他们在同一个团队中协同作战，大大缩短了新产品推出的时间，而且质量更高、成本更低。

原则10：持续改进，满足顾客需要。

满足顾客需要就是要持续地改进每一道工序或管理流程环节可能存在的问题和不足，保持稳健务实的作风，以赢得顾客的尊敬，提高顾客满意度。

1.1.3 精益建造与传统建造的区别

1. 生产方式

传统建造运用推动式生产方式，承包商根据自己的需要来安排建造活动。整个过程相当于从前道工序向后道工序推动，物流和信息流基本上是分离的，因此有大量库存而造成费用增加。精益建造则运用拉动式生产方式，建造商根据市场需求决定产品的成形，再决定产品的施工。整个过程相当于从后工序向前工序拉动，物流和信息流是结合在一起的，尽可能地保证较少的缓冲库存。同时还运用最后计划者体系来保证流程的连续性，从而消除了等待的浪费。

2. 优化范围

传统建造是基于相关方各自目的，强调以市场为导向，建造者以自身利益为中心，优化自身的内部管理。业主方希望供应商、承包商和分包商最小化各自利益，最大化自己利益。供应商、承包商和分包商等相关企业，都视对方为相互竞争的对手。

精益建造则以建筑产品为流水生产的主线，以产品的生产工序为线索，组织密切相关的集成供应链。它以整个建造系统为优化目标来降低协作中的交易成本，同时保证稳定需求与及时供应。各相关企业之间的关系为合作后的“多赢”，采用策略联盟和双赢思想来合理分配利润、共享成果。

3. 业务控制

传统建造方式的用人制度是基于双方的“雇佣”关系，业务管理强调个人工作高效的分工原则。施工过程被看成一系列的单独行为，忽视工作流的连续性，整个项目是若干个行为的整合。

精益建造在专业分工时强调相互协作和业务流程的精简，消除不必要的多余工作，杜绝业务流程中存在的“浪费”，减少很大一部分成本。只有精简整个流程，才能消除那些不在价值流程上的浪费现象。价值流的作用通过消除浪费得到充分的发挥，成功地传送了价值。

4. 质量观

传统建造将很多质量问题看成是施工中的必然结果，承包商提出可允许的不合格百分比和可接受的质量水平。他们认为施工过程中产生一定量不合格建筑是不可避免的，采取消极、被动的事后检验，但一旦出现质量问题，将付出沉重的代价。

精益建造基于组织授权和人与人之间的协作观点，认为让施工人员自身保证产品质量的绝对可靠是可行的，避免事后检查。通过定期临时会议，每个员工都可以各抒己见，及时解决施工过程中遇到的所有质量问题。

5. 对员工的态度

传统建造体系强调管理中严格的层级关系，决策权力集中在指挥链上，采用以职能部门为基础的静态组织结构。在此体系中员工被看成附属于职位的“工作机器”，因而员工是被动的。对工作失去积极性。精益建造则强调尽量发挥人的主观能动性，同时强调员工相互之间的协调。在精益建造体系中，决策权力是分散下放的，采用以团队工作为基础的动态的面向过程的组织结构。将员工看成命运共同体团队的成员，调动了员工工作的积极性，使得工作的氛围融洽，在一定程度上提高了工作效率。

1.1.4 精益建造的优越性

1. 传递目标

精益建造有更完整的传送目标，可更好地达到项目的目标。精益建造建立了一套完整的传送体系，把顾客的要求输入项目中，设计师按其要求进行设计。在施工时如遇到问题，与设计师及顾客沟通交流，保证产品同时满足顾客和市场的需求。精益建造强调“流”的作用，在项目的开发阶段绘制价值流，在项目的设计与施工阶段运用工作流。在精益建造过程中，工作流是使各项工序活动成为整体的通道，它减少了因单独行为而导致的成本增加，最终尽可能完美地实现项目目标。

2. 目标导向

精益建造以顾客的最大化价值为项目的最大目标，从而使顾客的价值得到更好的认识、肯定、创造和传递。精益建造采用拉动式生产，在设计开始阶段就把顾客的需求体现在设计方案中，使设计出的建筑产品满足顾客要求。在设计施工阶段运用并行工程对设计和施工进行整合，如施工出现意外，可以通过重新设计来保证可靠的流水线。在设计施工阶段，顾客可以参与并监督项目的全程实施，实现信息的透明化。由于产品是按顾客的要求进行设计的，必然会满足市场需求，避免了“缺陷”产品的产生。

3. 管理方式

精益建造设计施工过程与管理程序并行，以减少浪费的产生。精益建造在施工设计的同时，根据现场的实际情况运用6S（Seiri、Seiton、Seisou、Seiketsu、Shitsuke、Safety，整理、整顿、清扫、清洁、素养、安全）进行管理。采用最后计划体系让管理者清楚地了解项目的执行情况，使得管理和实际情况不脱节。最后计划者体系是由工作流的最后一个工作人员决定的，由阶段计划、未来计划和滚动周计划三部分构成，可以很好地提高计划的可靠性。这个环形计划体系是工作人员根据现场实际情况制定的，可避免材料及设计的延误，保证工作流的顺利进行。

4. 控制系统

精益建造对项目的全寿命期运用动态控制，更好地保证项目完成预定的目标。精益建造是根据生产管理的原理，结合建造的特点而产生的，它可应用于所有建造中，但尤其适用于复杂的、不确定的、工期短的项目。

由于建造的唯一性、复杂性和不确定性，建造者对项目必然要进行动态的控制。精益建造根据现场的实际情况制定计划控制体系，而计划控制体系的关键是处理好可靠性和变化之间的关系，即在有变化的情况下仍然保证流水的可靠性。在精益建造中，要不断地重复进行计划和控制体系，同时循环实施。

1.2 精益建造与建筑业高质量发展

党的二十大报告指出，高质量发展是全面建设社会主义现代化国家的首要任务。建筑业高质量发展是指建筑产品和服务满足人民日益增长的美好生活需要和可持续绿色低碳发展需要的发展方式。建筑业高质量发展是一个涉及发展方向、技术路径、规模增长、产业结构、综合效益、产品和服务品质等多个维度的系统工程。

1.2.1 建筑业高质量发展的制约因素

1. 建筑业发展的特征

改革开放以来，特别是党的十八大以来，建筑业持续稳步发展，日益显现出新的发展特征，主要体现在以下几个方面。一是产业地位稳固。建筑业在保持国民经济支柱产业地位的同时，民生产业、基础产业的地位日益突显，在改善和提高人民的居住条件生活水平以及完成固定资产投资建设任务等方面发挥了巨大作用。二是工程建造能力大幅度提升。建筑业先后完成了一系列设计理念超前、结构造型复杂、科技含量高、质量要求严、施工难度大、令世界瞩目的重大工程。三是以BIM技术为代表的新一代信息化技术的应用日益普及，工程建设领域的数字化转型推动行业变革。四是装配式建造、绿色建造、智能建造等新型工程建造方式已经成为工程建设的主流方式。五是工程总承包、全过程工程咨询等方式正在逐步兴起。

2. 制约建筑业高质量发展的因素

建筑业在取得辉煌发展成绩的同时，依然还存在许多长期积累形成的疑难问题和薄弱环节，严重制约了建筑业的持续健康和高质量发展。

一是产值利润率持续下降。工程成本的不确定性因素多，经济效益增长的压力持续加大。尽管建筑业总产值规模和利润总额持续在增长，但建筑业产值利润率、利润总额增长率连续5年下降，产值利润率处于近10年的最低水平，如图1–1、图1–2所示。

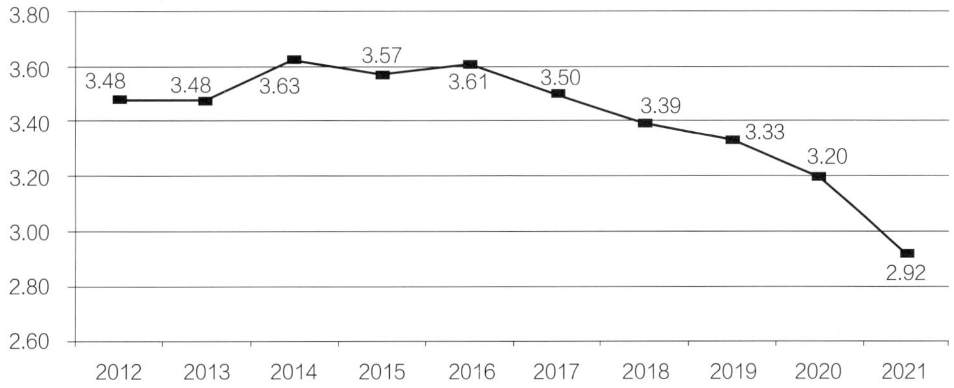

图1-1　2012—2021年建筑业产值利润率变动示意图（%）

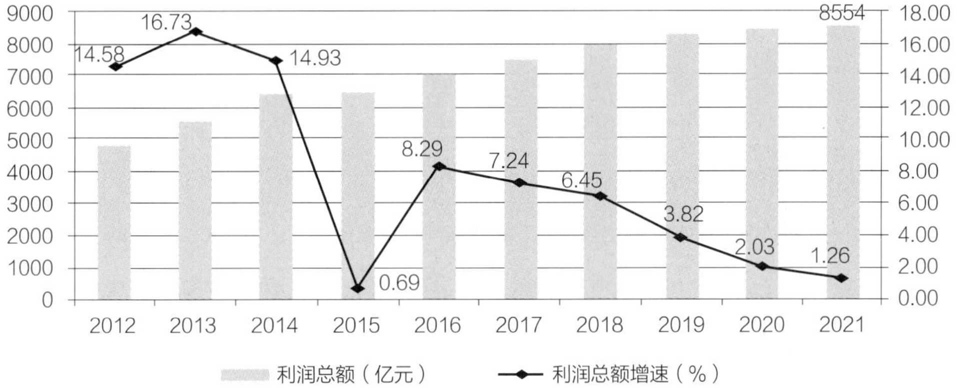

图1-2　2012—2021年建筑业利润增长变动示意图

二是安全生产事故呈现高压态势。虽然安全生产的费用投入不断加大，安全管理制度和控制手段不断改进和完善，监督管理日益严格，但安全生产事故和伤亡人数仍然较多。

三是建筑产业工人素质提升缓慢。在施工现场，农民工仍然是建筑工人操作队伍的主体。多年来，建筑工人数量不清、技能不精、素质不高、学历偏低、年龄老化、流动无序、保障不力的现象没有从根本上改观。各级政府和劳务用工企业在建筑劳务用工制度创新和产业工人队伍建设上殚精竭虑，但始终没有取得显著的突破。

四是市场治理仍需加大力度。建筑业虽然是最早从计划经济走向市场经济的领域，但市场运行机制的规范化仍然差距甚远。挂靠、转包、串标、围标、恶性竞争等乱象难以根除，市场治理和行业监管任重道远。

五是企业转型升级面临困局。尽管大多数建筑业企业认识到转型升级对于企业发展的重要性，但在转型的方向、目标、路径选择、资金支持、人才配置等方面困难重重，短期内难以打开新的局面。

六是创新驱动发展动能不足。由于建筑业的发展长期依赖于固定资产投资的拉动，同时企业自身资金积累有限，因而导致科技创新能力不足。在新常态背景下，当经济发展动能从要素驱动、投资驱动转向创新驱动时，对于以劳动密集型为特征的建筑业而言，创新驱动方式更加充满挑战性，创新能力成为建筑业企业发展的短板。

1.2.2 精益建造赋能建筑业高质量发展

精益建造理论是以生产管理理论为基础，以精益思想原则为指导，通过精益设计、精益生产、精益施工、精益供应，在保证质量、最短的工期、消耗最少资源的条件下，消除一切浪费，实现零缺陷、零库存、零浪费、零事故，建造并交付满足用户需求的建筑产品为目标的新型工程建设管理模式。

1. 精益建造促进建筑业由粗放式管理向精细化管理

当前我国建筑业属于粗放式管理模式，建筑业从业人员整体素质较低，农民工数量占到建筑业从业人员的将近75%，生产效率也低于发达国家。建筑业技术创新能力较低，新技术新设备投入较少。精益建造管理模式提倡采用扁平式的组织结构、循环的计划与控制体系、精益建造辅助技术工具，这些管理思想和管理工具都会促进建筑业由粗放式管理向精细化管理转变。

2. 精益建造提升建筑业从业人员素质

精益建造要求全员参与施工项目的管理过程，从企业中高层管理人员到施工现场管理人员，乃至现场作业人员，都必须具备精益建造知识和精益思想。同时，精益建造追求持续改进的思想，要求管理人员不断对工作流程进行改进，不断找出管理中存在的问题，并不断提出改进措施。因此，精益建造的实施在一定程度上会促使建筑业从业人员素质整体上得到整体提升。

3. 精益建造增强建筑业企业国际竞争力

随着“一带一路”国际工程建设的实施，我国越来越多的建筑企业走出国门，走向国际市场。基于精益建造的工程项目管理模式提倡利用价值流分析工具消除施工过程中不为顾客创造价值的活动，提升我国建筑业企业的国际市场竞争力，从而更好地走向国际市场舞台，并在国际工程承包市场竞争中立于不败之地。

4. 精益建造推动建筑业加速高质量发展步伐

精益建造理论、技术和方法融入工程建设的各相关方、各要素和各个过程，具有现实的应用价值，能够促进建筑业高质量发展步伐。通过设计优化减少多余工序，提高工程品质；通过工艺优化，提高一次成优率，减少质量缺陷和成本投入；通过措施优化，提高施工措施安全可靠性，减少多余资源投入；通过工序合理穿插，控制关键工期节点，减少工作面闲置，实现快速准时交付；通过系统性合约规划，整合优质资源，提高效率，消除无效成本；通过全过程质量管控，降低质量风险；通过推动项目安全、环境标准化、可视化管理和永临结合，提高资源周转利用效率。

第2章

国内外精益建造研究现状

2.1 精益建造的发展历程

1890年，弗兰克·吉尔布雷斯（Frank Gilbreth）通过观察砖瓦匠的砌砖过程，发现砖瓦匠有很多不必要的动作或是一些不增加价值的动作，由此有了“速度工作”的想法，通过对砖瓦匠的动作进行过程操作的规划和限制，达到缩短时间的目的，大大提高工作效率，同时也减少了劳动者的疲劳。

1992年，丹麦学者罗瑞斯·科斯凯拉（Lauris Koskela）在斯坦福大学开展了一项题为“Application of New Production Philosophy to Construction”的研究，即将制造业的方法运用到建筑业，研究中发现建筑业和制造业有相似之处，可以形象地把建筑业的施工活动称为另一种形式的生产。一些研究丰田生产系统的学者，也为解决建筑业的低效率提供了方法，例如，产业化（预制和模块化）、自动化、智能化、减少信息断层等。而Lauris Koskela通过三个方面发展来进行优化：其一，工具，如看板和质量圈；其二，生产方法；其三，管理哲学（精益生产，JIT/TQC①，等等）。他将精益建造具象化为一种“流”的过程，认为只有转换才能增加价值，减少或是消除“流活动”可以使转换活动更有效，这也就奠定了转换—流动—价值（Transfor—Flow—Value，TFV）理论的基础。通过将活动划分为增值活动（Value Added，VA）和非增值活动（Non-Value Added，NVA），非增值的活动可以被识别、测量以及重新设计达到提高价值活动效率，减少NVA活动比增强转换活动的技术更有用。

① Just in Time，JIT；Total Quality Control，TQC，全面质量管理。

1993年，Glenn Ballard在首届精益建造国际研究小组大会上首次提出“精益建造”（Lean Construction，LC）的概念。Ballard和Greg Howell于1997年成立了精益建造协会（Lean Construction Institute，LCI）。这两大组织主要进行各种研究用以发展精益建造的概念。

2004年，Bertelsen和Koskela提出了精益建造的未来发展方向：一个是生产战略，一个是过程战略。生产战略将涉及简化建造以便一些零件可以在工作场所之外可预测的环境中被制造出来，这种方式可以加快生产技术的运用和高产量；过程战略将提高工作场地内建造的过程质量。

2010年以来，在英国、丹麦、芬兰、澳大利亚、巴西、智利、秘鲁、新加坡、厄瓜多尔、哥伦比亚等国家和地区，相继建立了一批精益建造研究组织。

近10年来，国内的许多建筑企业和软件开发企业，例如中国建筑第三工程局有限公司、中国建筑第五工程局有限公司、中国中铁六局集团有限公司、广联达科技股份有限公司、常州才良建筑科技有限公司等，在工程建设实践中积极引入和应用精益建造原理和技术方法，创造了可推广的成熟经验。

2.2 精益建造的研究动态

精益建造理论和方法被引入中国工程建设领域后，众多的学者和实践工作者开展了多方面、多层次的研究，取得了较多的成果。

2.2.1 精益建造基础理论研究

冯仕章、刘伊生（2008）追溯精益建造的起源，总结国内外既有研究成果，归纳出精益建造的理论体系，包括基础理论、应用理论，并探讨了其在项目应用过程中所需要的辅助技术。应用理论方面包括客户需求管理、设计模式变革、减少变化提高效率、工程项目标准化管理、项目过程绩效评价。客户需求管理主要分为：项目利益相关方分析、项目前期策划、双方信息沟通、客户反馈；设计模式变革中，设计人员把详细设计转移给制造商，设计人员成为在结果组成部分规范和定义客户/使用人员需求的有经验的专家，制造商提供较好的产品规范并且花更多的时间来理解客户需要和建筑设计的关系；通过采取措施降低输入的数据、资源的变动性，来实现工作环境的稳定，最终稳定地提高输出的绩效；工程项目管理标准化主要为工程项目管理程序标准化、工程项目管理内容标准化、施工作业标准化；精益组织应该用设计好的简练的绩效评价系统指导操作和评价操作经济性，激励人们的精益行为，来指导和激励持续改进，并且为决策和管理提供指导。对精益建造的研究应注重以下方面：一是建筑产品的价值定义及价值生成机理；二是建筑生产中的浪费识别；三是建筑生产中的流和缓冲管理；四是精益建设下的承发包模式；五是工业化、模型化、标准化的研究；六是建筑供应链管理；七是仿真、模拟等IT（Information Technology）技术在精益建造中的应用。

张超晖（2013）认为精益建造理论是："管理以人为本，人以精益为本，以最小的投入求得最大的效益产出"。实现精益建造必须从以下几方面做起：精益建造必须依靠创新来推进；精益建造必须走低碳施工、绿色建造之路；精益建筑必须注重品牌建设；精益建造要成为建筑企业家的"梦"。他认为，对于产品的创新，德国当前推崇的"不再是产品单一创新，而是产品周期创新"。这种产品周期的创新，就是在精益建造的基础上，对产品从设计到退出市场进行全面跟踪记录、分析原因，以便在新一代产品上做出更大的创新。国内建筑业的辉煌，在于以精益建造为基，以创新创业为本；对于产品的低碳环保，要从产品设计、研发、施工阶段充分考虑，全方位优化工艺，积极开展节地、节能、节水、节材、环保等施工工艺研究和推广，最大限度地减少排放，实现"高品质管理、低成本竞争"，持续创造出高质量、高品质、高效益的精品工程；精益建造塑造品牌，精益建造深化品牌，精益建造高树品牌，要求国内建筑企业敢于向社会做出产品精益建造、放心使用、优质服务承诺，放大品牌效应，提升品牌的价值和美誉度。

于新强、刘淳（2012）通过对精益建造进行定义，阐述了精益建造的优越性，并引进精益建造的理论框架，详细介绍了精益建造结构体系。精益建造的优越性：①以顾客的价值为第一目标；②团队工作的先进性；③浪费的最小化；④精简了建造的业务；⑤融洽的工作环境。精益建造的结构体系包括：拉动式JIT建造系统、在建造过程中实现精益供应管理、团队工作及可视化管理。

黄宇、高尚（2011）通过比较建筑业和制造业的差异，讨论日本企业文化和管理与"精益"的渊源，并结合中国建筑业企业的现状，指出这些因素都对推行精益建造提出的挑战。提出改变精益建造的重心、开展精益建造教育培训的建议。同时，他们还引用牛津大学Monis教授的观点，推行精益建造可以采用3种不同的改变策略或称为干预措施，分别为工程技术干预、社会干预和教育干预。①工程技术干预指的是通过分析并重新设计现有的工作流程来提高产品的质量和生产效率；②社会干预一般指通过组织文化的宣传来改变员工的组织行为；③教育干预指的是让员工重新认识企业的信念并获得学习的机会。在项目层面，推行精益建造更多是通过工程技术干预变为主导，往往由业主发起；而在企业/集团层面，特别是在高层领导中大多数认为社会干预和教育干预更加有效。推行精益生产的企业应将重心从对流程的改造转移到对人的管理上，员工才是真正创造价值的人。王雪青（2008）等建议在高等教育中开展精益建造教育可以看成一种更为长期的投资。

张梅、姜楠（2012）通过阐述精益企业的精髓和要点，分析建筑施工企业涵盖设计、施工和供应链管理等方面的全方位精益管理模式，提出全方位精益管理模式的实施路径。他们认为，精益企业的精髓为其可以实现越来越少的投入来取得越来越有效的产出，这个精髓贯彻在整个经营管理过程中，但其要点为：准确地根据客户的要求定义和确定所要提供产品的价值链，根据这个价值链条拉动生产经营，并在这个过程中持续改进和消除浪费。在设计方面要变革设计模式，要求在项目设计阶段就将如何有效施工的考虑纳入其中，采用施工前期参与方式；在施工方面，借鉴拉动式生产概念，可以采用末位计划系统（LPS），强调权力下放，分派的任务通过末位计划者们来制定，并且计划周期以短为宜，以此来确立最好的施工顺序，作业时间和设置缓冲措施来实现计划稳定性的最大化；在供应链管理方面，可以引入准时生产（JIT）概念，只在需要的时候，按需要的量，完成所需的工程量，通过对供应链的控制，追求物料采购的无库存或者最小库存，但同时可以准时地把所需物料送到施工现场。实施途径，首先要获得管理层的支持并找到能够不惧怕挑战引导变革的发起人，然后要尽可能地获取并传播关于精益管理的知识。

近几年来，吴涛（2018）、肖绪文（2022）、尤完（2018，2022）等学者倡导推动精益建造与绿色建造、智能建造、装配式建造、增材建造等新型建造方式融合发展。每一种新型建造方式都有其特定的关键要素，精益建造技术方法的应用能够提高这些关键要素的运行效率。

2.2.2 精益建造生产计划研究

Gideon Francois Jacobs（2007）为了研究TPS（Toyota Production System，丰田精益生产模式）框架与主题建筑建设的匹配问题，运用内容分析法对精益建造国际研究小组（IGLC）1996年至2009年的会议论文进行研究，分析了592项研究，241（40%）被归类为四项总体TPS类，即具有14 TPS原则；351（60%）属于分类框架之外的15个其他重要精益知识的相关研究类别之一。研究表明，精益人员被鼓励不限制研究一个特定的建筑行业，而是符合一个更广泛的研究平台包括建筑、重型和土木工程行业，这些行业可以受益于未来的精益生产研究。精益的研究对于丰富精益知识在建筑环境的发展有重大的贡献。其强调精益研发意识与TPS框架相一致性，以建筑业为平台，鼓励进一步探索实施TPS的原则，以便TPS理论更好地发展。

钟波涛等人（2008），提出了一种集成了短期动态项目进度、精益建造材料配送，并作为项目进度计划和材料配送即时通信的框架。该框架包括两个方面：第一个方面是关于短期动态项目进度；第二个方面是关于精益建造根据短期施工材料配送的动态项目进度。对于第一个方面，提出了应用代理的补偿性协商方法，以保证短期动态项目的进度；对于第二个方面，研究如何采取电子商务技术和代理协议技术的优势解决施工材料配送的动态。其主要研究，在电子商务环境下，用来支持精益建造材料配送的物资采购短期项目动态规划，以及为了提高谈判效率和效益，基于多代理的自动谈判框架（即一个承包商与许多供应商的单独协商的双边关系）。基于代理的谈判框架集成了多属性效用理论和综合协商，以便达到更高的联合收益。一个承包商与许多供应商谈判时，其他的协议也同时进行并相互影响，所以我们引入承诺机制，允许双方通过违背其承诺支付违约金，以求双方可以选择最好的交易。

陈曼英、祁神军（2012）分析了现阶段我国建筑施工企业流程及面临的挑战，提出了建筑施工企业流程重组及新的指导思想——精益建造，并详细分析了基于精益建造的建筑施工企业流程动态重组的目标、一般动态过程和具体内容，最后指出了实现流程动态重组的关键因素。建筑施工企业存在的缺陷：建筑施工企业信息化程度低、内外各职能部门的信息不能及时沟通和共享。我国建筑施工企业现阶段面临的挑战主要是：项目任务资源供应不精益，资源浪费严重；项目人员技术技能水平不高，人员调迁频繁，施工力量分散；施工战线长，工作结构化分解不合理；一个工程层层分包，管理难度大，高度竞争下多数企业采取低价中标策略；不可控制成本大幅度上升，有些工程出现亏损；工期短，约束限制条件多，且进度常常拖后；信息流通和反馈不及时。基于精益建造的建筑流程动态重组的一般过程：有计划和启动、调研与诊断、流程重新设计、方案实施、后期追踪改进五个阶段。基于精益建造的流程动态重组包括内部重组、外部重组、内外部重组结合。关键成功因素在于注重新理念——精益建造、信息化、权责利重新划分、全员参与。

2.2.3　精益建造质量、安全生产研究

林陵娜等人（2012）将精益建造体系中的非增值活动定义为浪费。产生非增值活动的行为/状态即为浪费源。浪费是安全隐患寄生的界面，为安全隐患的积累提供了场所，当隐患积累到具备事故发生的条件，则安全系统就处于失衡状态。因此，运用认知系统工程识别安全隐患寄生的界面，以意识到系统状态为核心原理，识别出安全系统的状态，分析系统出现失衡的原因，不断进行反馈、学习，最终形成一个灵活的识别系统，最后通过精益建造体系方法来消除这些寄生界面。浪费源产生的原因有时间计划不合理、空间分布不合理、行为重复。寄生界面的识别及应对措施包括：施工过程的不匹配问题，可以从安全能力、任务需求两方面分析；针对系统绩效失灵，对安全系统绩效进行管理；针对合作困难，应该从构建企业多文化项目团队开始；对于时空冲突，需要重点对如下隐患进行识别，即本班组人员在本工作面上所产生的隐患、其他班组人员给本工作面带来的隐患，以及本班组工作面与其他班组工作面的重叠部分可能发生的隐患，总结为人—人、物—物、人—物三者来识别安全隐患寄生的界面，运用Tarcisio Abreu Saurin等人提出的认知系统工程（Cognitive Systems Engineering，CSE）的核心原理——灵活度、学习以及意识到系统状态；Robert J提出认知系统工程的4个基本范畴——贮存与提取，基本信息加工，输入与输出，知识的运用。基于上述两种方法，分别对三个界面进行分析，通过工作人员自身的意识来认知整个安全系统状态，结合精益建造的核心思想即以顾客价值为核心，使施工现场的工作人员意识到自己的核心价值，并由这种动力来推动他们不断进行自我更新，对整个安全系统进行直接检查，改进传统被动式安全监控的缺陷，最终使整个安全生产线上具备一个积极主动的工作团队。通过认知系统、精益建造的方法来识别并减少施工现场的浪费源，是一种比较直接的方法。

葛欣（2011）阐述精益建造的概念，分析传统项目管理模式下质量管理的不足，基于精益建造理念，指出房地产开发项目的质量管理实施要点，并提出企业对精益质量管理活动的支持措施。其指出传统房地产项目质量管理中存在的问题：项目质量目标的确定仅以国家法律法规、技术规范标准的有关规定为主要参考对象；在进行设计与施工发包时，开发企业的一贯做法是通过招标投标的方式分别确定设计单位与工程承包商，分别对设计与施工活动进行质量监控，遵循先设计后施工的顺序，使得设计与施工在时间、空间上分离；项目施工质量控制主要依靠事后检查与监控；房地产开发项目的实施基于建筑供应链进行。针对上述问题，基于精益建

造的质量管理实施要点包括：管理顾客需求，设计与施工相结合，注重建造过程质量，基于供应链进行管理，开展质量营销。需要的支持措施有：改进企业流程，组织机构弹性化，深度参与施工现场管理，建立完善的信息系统。

在工期质量与成本方面，鲁天婵（2008）的《基于精益思想的建筑企业工程项目成本管理研究》，针对当今我国建筑企业工程项目管理中存在的问题进行分析，从成本管理的各个环节分析了管理中存在的明显缺陷，介绍了六种符合精益建造思想的工程项目成本管理相关方法，以及这种方法与精益思想的结合点。李志平（2007）的《精益管理在施工成本控制的应用》提出要从源头控制成本，树立全过程成本控制思想，减少或去除不必要或不重要的功能或服务以降低成本。朱宾梅等（2007）的《基于精益建造下工程项目质量缺陷工期三要素管理的新思维》，介绍了在工程质量控制上减少因工程项目质量缺陷引起的返工而造成的浪费，在成本管理上以客户价值增加为导向，实现整个供应链成本最小的精益成本管理理念，在工期实施上引进了并行工作和转换时间。刘春（2017）将精益建造理论应用于施工项目成本管理，构建精益建造成本管理模型，该模型为工程项目成本管理开拓了新思路。

2.2.4 精益建造利益相关方协作、文化建设研究

Zhu Kongguo等人（2008）对如何协调精益建造过程各参与方进行研究，其充分考虑了各参与方不同的利益和需求，以及政府在监督和管理的能力，运用博弈论分析哪些因素会影响参与者的成功，并运用信贷模式建立控制机制来分析建筑市场的合作，研究表明这些对实际中的合作具有改进作用，对预测精益合作的结构提供了一种新的思维方法。

Zhang Dongsheng等人（2010）从文化方面分别定义了精益文化和项目文化，总结了中国铁路工程建设的文化特点，其利用精益思想在项目文化中的优势，提出了精益项目文化的概念以及实施的意义，精益项目文化的建设也扩展了精益思想的内涵。项目文化是一些组织文化和跨组织文化相结合形成的，是组织文化和项目建设相结合的。项目文化包括文化价值观、道德观和价值标准，除此之外还包括项目中所有组织成员认可的其他形式的思想和物质的建设。精益文化包括三个层面，即组织维度、功能维度、时间维度。精益项目文化要求企业的思想和行为必须遵循精益管理原则，这样才能有效地实现企业的长远经济利益。肖毅（2017）提出把精益思想融入企业愿景，塑造特色精益文化，构建特色精益文化体系，并通过绩效考核、

一体化管理、激励机制等措施推动精益文化落地。余庆泽（2018）分析了精益管理与企业文化体系构建的关系，提出须重视完善多层次多类型人才培养体系，培育有中国特色的精益文化，以促进产业转型升级。

2.2.5 精益建造项目绩效研究

Eric Israel Antillón（2010）研究了精益实践如何影响项目安全绩效，其通过建立安全管理规范、精益施工工具、精益建造原则组成的三维互动矩阵，运用最后一个规划系统和典型的精益生产工具，例如自主化和标准化，以及最常见的安全管理做法，如规划和人员配置的安全性分析变量同互动矩阵的关系。对精益建造和安全管理的相互作用进行了系统评估与分析结论，得出规划精益和安全策略能产生协同增效，安全经理、精益施工从业人员和总承包商都将受益。表明该种方法可以帮助开发和集成未来的生产安全管理模式。

为了诊断韩国建筑行业的项目绩效系统中存在的偶然因素问题，Seong Kyun Cho（2011）研究了精益建造开发的许多组件，例如，“基于整合激励”“一体化设计”“基于价值流分析”“基于计划可靠性的最后计划者”等为了减少浪费增加价值。通过研究几个使用精益建造的项目，证明精益建造确实能提高项目绩效。研究表明，“最后计划者”的运用与项目绩效，以及诚信激励机制与项目绩效都有较强的相关性，其中“最后计划者”和诚信激励机制又具有内相关性，它们对于绩效的提高都是不可或缺的。对韩国建筑业进行更详细的调查，测量上述组件与项目绩效的关系，发现只有“一体化设计”与项目绩效联系紧密，并分析指出为什么其他组件没有作用。

2.2.6 精益建造辅助技术应用研究

Daniel W. Halpin、Marc Kueckmann（2002）通过探讨了仿真模拟与精益思想、精益建造之间的关系，将仿真模拟技术作为一种评价精益建造技术好处的工具，描述两个基于建筑过程重组的例子，并且通过运用建筑过程仿真模拟技术进行评价。文中提到，Tommelein运用仿真技术以比较不同的方法在测序工作区完成时间及材料运到施工现场的模拟。

Balbontin（1998）报告了使用仿真模拟提高工艺、生产制造大型预制构件和设施所组成的大型混凝土构件。Dragados Construcciones——欧洲最大的建筑公司，已使用模拟分析施工作业15年。他们在许多领域的进程已被重新设计使用精益思维相关的概念。精益建造是引入新形式生产管理的结果，虽然精益建造仍在发展中，文中通过两个案例证明简化构造可以产生可观的收益，如墙壁安装和混凝土成型。仿真模拟提供了一个可行的工具，用于评估精益建造概念会给生产带来的潜在利益。在某些情况下，如西班牙公司Dragado报告的，仿真可以直接用来引进工艺的改造，这能大大改善生产率和减少生产可变性。一般情况下，精益思想提供了一个结构化的格式，其中的过程是可以重新设计，而仿真模拟提供了一种评价从流程再造中得到的好处。

Manfred Breit等人（2008）为了确定3D/4D建模、仿真和可视化建筑物、组织和过程（Procedure Oriented Programing，POP）如何支持精益建造的实施。初步研究结果表明，工艺设计模式有支持ICT精益建造的潜力。运用过程考古学，来发现哪些工具可以用来支持精益施工的计划、仿真和控制的运行。通过引进工艺设计模式，建立跨学科的POP设计，通过应用程序设计模式在建筑结构的半自动方法，优化施工工序。提供具有集成的解决方案和专家知识的过程模板，发现流程设计模式能确保高品质的工艺模型。

徐新、杨高升（2011）从现行工程项目计划传递缺陷的博弈模型入手，阐释由此引起的工作流不可靠的危害。基于此，探讨LPS（Last Planner System，末位计划系统）针对计划可靠性和工作流可靠性提升的途径，并以某DB房建项目的LPS应用为例，验证LPS的项目绩效提升效果。最后，针对我国工程管理现状指出了以LPS为代表的精益建造工具的应用展望，其通过总承包商与某个分包商的博弈模型矩阵得出计划可靠性和信息完全性成为影响分包商行为的关键因素。要提高项目绩效包含下列途径：①提高各项工作的计划可靠性；②提高工作流的可靠性；③使下游工作的执行者对上游工作的计划可靠性概率分布有清楚了解；④使下游工作执行者对项目管理者的计划信息有清楚了解；⑤赋予下游工作者参与计划制定的权力。提升途径包括：PPC（Production Planning and Control，生产计划与控制）度量计划可靠性、生产单位控制提升计划可靠性、拉动式控制提升工作流可靠性（总控计划、阶段计划、前瞻计划、周工作计划）。但由于其自身方法体系的不尽完善以及我国工程项目管理水平普遍偏低的现状，LPS实施过程中仍存在着诸多障碍，我国建筑企业可在试点项目中推行LPS并注意以下几点：做好精益建造体系以及LPS的宣传与培训工作；增设诚信体系和协同知识管理体系，提高项目参与者之间互信度与合作程度；采用合理的工程项目分解技术和完善的信息沟通技术，如建筑信息化模型（BIM）等配合LPS运作。

韩美贵等人（2012）从LPS渊源入手，简述了LPS内涵和演进历程，在梳理已有文献的基础上，勾勒出了LPS的研究框架，进而对LPS的运行方式、运行环境、运行评价和工程应用等相关方面研究进行了系统综述，在分析LPS已有研究成果局限性的基础上，展望了未来的研究方向。有待深入研究的有：LPS理论基础的挖掘，因目前主要集中在TFV理论分析LPS对工作流的稳定性影响，显得较为单一，以后可从系统论、信息论、控制论、耗散结构论、协同论和突变论等系统理论来研究；LPS运行管理研究的拓展，因目前集中在流程设置、长短计划关系及其对PPC影响等，但都不深入，需要深入运行方式内部关系研究及工程案例研究；LPS运行环境研究深入，因目前限于精益组织特征和其形成过程面临挑战的研究，对于如何进行内部组织环境的转化及组织外部环境向有利方向转化；LPS运行评价研究的完善，因目前主要通过PPC来衡量周工作计划的执行效率进行评价，方式单一，缺少反映整个项目进展过程的指标及前瞻计划执行的评价；LPS支持工具有待开发；LPS与其他管理技术方法融合问题的研究。

2.2.7 精益建造与其他理论结合研究

Qi Shenjun等人（2010）针对大型建设项目的复杂性，提出把精益建造和工程项目多级计划基本理论集成到管理大型复杂建设工程项目的过程中。从数据流、层次结构和功能结构三方面对集成管理大型项目计划进行研究，得出该方法是一种有效的方法，适用于大型复杂建设项目的日常管理工作。在考虑建设工程项目时，老板通常是从大局的角度考虑，而局部和详细的因素则由承包商和分包商考虑。因此需要编制一个业主的主项目进度表和承包商、分包商的阶段时间表，从而使两者相一致。一些研究表明良好的沟通可以使主项目表与日程表相一致，大大地提高生产效率和顾客满意度，减少成本误差。

刘艳、陆惠民（2010）根据精益建造与可持续建设基本理论，分析精益建造理论在可持续发展过程中发挥的作用，研究了精益建造体系下如何开展可持续建设的流程管理、价值管理和项目管理，为今后可持续建设项目管理提供一种借鉴方法。通过基本理论分析，得出精益建造原则包含了可持续建设的减少材料浪费和增加顾客价值两个主要的目标，并将环境视为可持续建设中一个重要的顾客，同时提供了可持续建设全寿命期管理的思想和有效项目管理的理论工具。精益建造下的可持续建设项目管理就是在精益建造理论的基础上，结合可持续建设的特点，利用精益建造的相关理论和管理技术，对实行可持续建设的项目进行有效管理，最大限度地保证建成环境良好、顾客价值最大化、浪费最小化等可持续发展目标的实现。精益建造体系下的可持续建设项目流程管理是以分析整个可持续建设流程为基础，综合利用精益建造的各项管理方法和技术，对创建的可持续建设流程进行持续的改进和完善，以达到一套高效的可预测的建筑流程的过程。精益建造下可持续建设项目的价值管理最重要的就是要进行顾客需求管理。

肖烨等人（2012）围绕可持续发展理念在建设项目管理中的应用问题，提出实现项目的环境、经济、社会三种效益最大化的可持续建设目标，从前期策划阶段、交付阶段、运营维护阶段和拆除阶段的废弃物回收等角度，寻求在建设项目的全寿命期实现经济、社会、环境三种效益最大化的可持续建设方式等可行路径。从前期策划阶段贯彻可持续发展理念，设计阶段采用可持续设计，施工阶段采用精益建造的方法，交付阶段的可持续交付，运营维护阶段以人为本的物业管理和可持续性后评价，拆除阶段的废弃物回收等，寻求在建设项目的全寿命期实现经济、社会、环境三种效益最大化的可持续建设方式，力求使建设项目成为促进全社会可持续发展目标实现的重要载体和推动力量。杨玮（2018）提出，随着信息化技术和建筑业的发展，精益建造要与大数据深度融合，打造全产业链建设新模式。

2.2.8 精益建造与BIM的结合研究

包剑剑、苏振民、王先华（2013）在介绍IPD（Integrated Project Delivery，集成化项目交付）模式的基础上，分析IPD模式下BIM和精益建造实施的关系，构建基于BIM的精益建造实施模式“IPD屋”，对IPD模式下基于BIM的精益设计、精益采购和施工建造的实施进行分析。集成化项目交付是一种追求顾客价值最大化的新型项目交付方式，它的实现必须改变传统的建造方式，使用先进的技术工具。精益建造是一种以顾客价值的最大化为目标的建造方式，能满足IPD对建造方式的要求，它的相关技术为IPD的实现提供了强大支撑。而作为建筑工程领域出现的又一变革性的新技术BIM，不仅为精益建造关键技术的实施创造条件，更是促成IPD实现的关键因素。同时精益建造的实施又为BIM的运用提供了一个先进的建造体系，改变了BIM运用的社会建造背景。在IPD模式下基于BIM实施精益建造体系所带来的价值比单独运用精益建造或BIM所带来的价值更大，是双赢智慧的体现。BIM作为一个可以为项目设计阶段决策提供可靠依据的具有海量信息的信息交换中心，满足了精益设计对信息存储、信息共享、信息交换的需要。基于BIM这个合作交流平台，在设计阶段项目团队成员间信息流、知识流才能被整合；各专业设计方的设计流才能被优化，设计方案才能真正得到顾客认同，精益设计才能落到实处。基于BIM的设计才能真正实现设计施工的深度整合以及建筑工程整体化。BIM不仅具有图纸文档自动生成功能，而且具有强大的高级分析功能；通过生成平面图、立面图、3D图等，然后对其进行高级分析可生成面积统计、资源需求量统计明细表甚至造价计算，可对项目各个阶段所需的人力、资源、资金进行详细汇总。基于BIM集成供应商与建造系统所形成的供应链真正实现了采购物流、信息流、建造流的有效整合，提高了采购的效率，增加了项目的整体价值。IPD模式下的项目团队基于BIM实施LPS，从计划中可以获得详细的现行计划和限制条件，改善低PPC现状，并结合PPC可分析制定详细的未来计划以及更新限制条件、BIM数据库。以此不断优化改善整个计划流程，形成持续的控制流，实现项目整体的最优与成功。

徐奇升、苏振民、金少军（2012）在阐述IPD模式的内涵与特征的基础上，从并行工程、持续改进、价值管理等与BIM的集成几方面分析IPD模式下精益建造关键技术与BIM的集成应用，为IPD交付模式在国内的应用打下理论基础。IPD是通过合同的形式将项目各参与方的风险与收益捆绑在一起，激励团队，促进设计建造一体化，使项目团队整体为项目的圆满完成而努力。IPD的实现是5个因素相互关联综合作用的结果，这5个因素分别是IPD合同、文化、组织架构、BIM和精益建造。而精益建造技术和BIM是落实团队合作、完善组织架构，最终实现共赢的工具。并行工程方面：IPD项目中，团队实行并行工程是建立在最大化地使用3D技术的基础上的，目标是通过各种方式尽可能地使用模型来辨析和降低风险，尤其是从设计阶段移交到建设阶段的工作。持续改进方面：所有的项目团队成员都采用被服务器支持的BIM建模工具进行设计。设计人员和建造人员可以就在线新建模型的可建造性进行探讨，而不用等到设计完全完成。共享式的3D模型成为设计方式的基础，通过持续改进的设计方式，不需等到最终做碰撞检测时发现硬碰撞。价值管理方面：主要方法是通过价值管理，运用3D模型，开展目标价值设计（Target Value Design，TVD）和实现基于模型的成本估算。TVD与传统的设计方式不同在于，它是在基于需求的基础上决定设计的内容，消除浪费，以达到不超过目标成本的目的。这就需要3D可视化模型进行有关成本价值的快速反馈。团队工作方面：竖向一体化的形成在IPD项目中可以通过合同的形式实现；而横向一体化的形成离不开BIM的支持。

赵彬等人（2012）在详细分析精益建造原则和BIM技术功能的基础上，通过构建交互关系矩阵，探究两者间交互作用，并给出协同应用建议。从流动过程、价值流生成过程、问题解决和构建伙伴关系4个方面，阐述精益建造的主要原则，即减少变化原则、增加灵活度原则、拉动式生产原则、标准化原则、精简原则、并行工程原则、可视化管理原则、持续改进原则、合作伙伴关系原则。BIM的主要功能：模型可视化、确保模型与信息的精确性和完整性、图纸文档的自动生成、高级分析功能、设计与施工的整合、进度计划变更的快速生成和评估、在线交流和即时通信、计算机控制预制加工。将上述的精益建造原则与BIM功能建立关系矩阵，在定性分析的基础上，总结归纳得出21个交互作用点，并对交互作用点进行释义，得出：精益建造对于BIM作用多反映在减少变化、可视化管理和并行工程方面。在实际工程项目中，可以采用减少变化、可视化管理、并行工程等精益原则来指导BIM实践，使得BIM技术效益最大化。而BIM技术对于精益建造的作用多集中在模型整合和功能分析、4D可视化进度管理、项目信息的在线和即时通信方面。

赵金煜、尤完（2015）在分析现代工程项目管理面临挑战的基础上，讨论了精益建造思想的形成和实施要求，阐述了BIM技术的特征，提出了BIM为精益建造提供的技术平台作用，以及BIM技术对实现精益建造目标的可能性。陈旭（2020）结合工程实例，阐述BIM与精益建造技术的融合应用，总结工程项目止水节设置、穿梁套管模具与楼板留洞模具制作等，实现管线精准定位，提高施工效率与质量，节约施工成本。周建晶（2021）提出针对项目设计、构件生产、构件物流运输和施工安装四个阶段，构建依托BIM的装配式建筑项目信息管理平台，探讨BIM技术在精益建造实施中的应用。

对于精益建造理论的研究，国内外的研究都已取得相对成熟的结论，其基础理论框架也在不断地丰富完善中，对于建筑业精益化管理的创新、精益文化的传播、员工的参与程度、企业与企业之间相互合作、BIM等新技术与传统建造方式的结合，随着研究的深入，受到建筑企业越来越多的重视。

精益建造理论和新技术的应用对整个建筑业而言，具有重大的意义，但目前中国建筑企业对精益建造实施和验证方面的案例少，国内专家较多地从理论方面开展研究，而忽略了与建筑企业和工程项目管理实践状况结合，理论的研究多数没有建立在工程建设的实践基础上。期望更多的建筑企业融合精益建造理念，通过技术创新和管理变革，应用新技术、新方法改进建造方式，提高企业经济效益，逐步进入高质量发展新境界。

第3章

精益建造管理技术方法

精益生产起源于日本丰田汽车公司，他们采用一套系统的方式把汽车交货期、产品成本、品质提高走到世界领先水平、地位。这些方法被引入建筑业，进而形成了精益建造理论体系和技术方法。精益建造的基础技术方法主要有并行工程、准时生产、末位计划、作业成本法、6S管理、全员设备管理，全面质量管理（Total Quality Management，TQM）、拉动式生产、看板管理、目视管理、资源均衡化、准时采购、工序标准化、柔性施工、团队工作法等，后来进一步扩展到模块化施工、标准化作业流程、供应链管理方法、价值流程图分析方法、关键链方法、网络技术方法、信息技术方法等。从广义角度而言，凡是能够提高产品质量、降低成本、消除浪费、减少工期的管理方法都可以纳入精益建造技术方法的范畴。本章仅讨论常用的经典方法。

3.1 并行工程

3.1.1 定义及关键要素

1. 并行工程的定义

并行工程（Concurrent Engineering，CE）是指将产品生产的各个阶段工作进行并行安排，即设计、制造和其他生产过程并行实施，在产品的设计阶段考虑全寿命期内的生产因素，目的是缩短产品开发周期、降低产品成本、提高产品的质量。

并行工程原理应用于工程建设领域的主要模式是指“设计—施工一体化”的建

造模式，强调设计与施工整合，可以减少施工中的时间，节约成本，并提供更好地满足客户要求的建筑产品。并行工程要求在工程项目的投资策划阶段对顾客的需求进行全面分析，在设计阶段充分考虑顾客的需求和施工可建造性，力求实现顾客价值最大化，减少由于设计不合理而返工造成的浪费。并行工程对建造过程组织结构形式和信息共享提出了更高的要求。因此，并行工程方法的实施必须建立在一个扁平化的组织和高效的信息共享平台的基础上。

采用并行工程能大幅缩短建造周期（包括减少设计变更，缩短设计时间、施工前准备时间、施工时间、销售时间等），降低建筑产品全寿命期中的成本（包括设计、施工、销售给顾客至建筑产品报废等成本）。

2. 并行工程的关键要素

并行工程工作模式力图从一开始就考虑到产品全寿命期中的所有因素，包括质量、成本、进度和用户需求。并行工程的关键要素如下：

（1）组织变革要素；

（2）满足用户需求与质量保证要素；

（3）计算机与网络支持环境要素；

（4）产品开发过程要素。

3.1.2 并行工程的协调管理

在精益建造中，并行工程是指在建筑产品的设计开发期间，将开发方、设计方、施工方、销售方、业主等结合起来，以最快的速度按要求完成工程。它要求在创建信息流畅平台的基础上，各类不同专业人员相互协作、共同工作，各项工作可以随时反馈信息，使工作透明化，各个部门可以了解工程进展。一旦完成并给出设计方案，建筑材料品种、数量、施工工艺等各部门都可以同时得到信息，从而大大缩短准备时间，进而缩短整个工期。例如，在施工过程中如果出现了设计不合理的问题，设计者立即重新设计，在很大程度上杜绝返工与窝工，减少损失。同时，业主的介入，可以使建筑产品更好地满足业主的要求。

并行工程的大规模协同工作的特点，使得冲突成为并行工程实施过程中的一个重要现象。为了使施工过程顺利进行，使并行工程的效益得以充分体现，必须具有一种协调管理支持技术、工具和系统，来建立各功能组织之间和各分项工程之间的依赖关系，协调跨功能组织之间的活动，支持各组织及施工信息的透明访问，以保证把正确的信息和资源，在正确的时刻，以正确的方式，送给正确的组织或人员。

并行工程施工过程协调管理的任务包括：合理安排工序之间的关系；避免时间、空间、资源的冲突；制定化解各种冲突的方案；提高化解冲突的效率。

3.1.3 基于单代号搭接网络的并行工程

在利用单代号搭接网络原理编制工程进度计划时，利用工序之间的搭接关系，结合工程建设过程的实际需要、周边环境约束、网络时间参数、资源配置状态等因素，科学、合理地安排工序穿插或工序交叉，优化进度、成本、资源，形成并行工程实施方案。

单代号搭接网络中常用的五种搭接关系分别是：

（1）结束到开始（FTS）的搭接关系。它是指相邻两工作，前项工作i结束后，经过时间间隔$FTS_{i,j}$（称为时距$FTS_{i,j}$），后面工作才能开始的搭接关系。当FTS时距为零时，说明本工作与其紧后工作之间紧密衔接，当网络计划中所有相邻工作只有FTS一种搭接关系且其时距均为零时，整个搭接网络计划就成为一般单代号网络计划。

（2）开始到开始（STS）的搭接关系。它是指相邻两工作，前项工作i开始后，经过时距$STS_{i,j}$，后面工作才能开始的搭接关系。

（3）结束到结束（FTF）的搭接关系。它是指相邻两工作，前项工作i结束后，经过时距$FTF_{i,j}$，后面工作才能结束的搭接关系。

（4）开始到结束（STF）的搭接关系。它是指相邻两工作，前项工作i开始后，经过时距$STF_{i,j}$，后面工作才能结束的搭接关系。

（5）混合的搭接关系。在搭接网络计划中，除上述四种基本搭接关系外，相邻两项工作之间还会同时出现两种以上的基本搭接关系，工作i和工作j之间可能同时存在STS时距和FTF时距，或同时存在STF时距和FTS时距，等等。

3.2 准时生产方法

3.2.1 准时生产方法的概念

准时生产法（Just In Time，JIT）被称为具有精益生产的典型特征。其基本思想是“只在需要的时候，按需要的量，生产所需的产品”，也就是追求一种无库存或库存达到最小量、不存在等候加工的空闲人工、材料与设备的生产运营管理系统。

在准时生产的场景下，建筑产品建造过程所需要的人、材、机按时到场，准时组织各环节施工，零工序转换时间。只有在需要的时候才交付和运输准确数量的合格产品。只有在需要的时候才提供前道工序的成果。准时生产的目标是全面消除各种浪费，以及在最短的工期内尽可能地实现高质量、低成本、低资源消耗。准时化施工以生产均衡化为基础，由拉动系统、节拍时间和连续流组成，现场管理要求有较高的标准化程度。

JIT生产将降低成本作为基本目标，并且力图通过“彻底消除浪费”来达到这一目标。在JIT生产方式中，所谓浪费被定义为“只使成本增加的生产因素”，也就是说，任何活动对于产出没有直接的效益便被视为浪费。其中，最主要的浪费形式有生产过剩（包括库存和在制品）所引起的浪费，搬运的动作、机器准备、存货、不良品的重新加工等都被看作浪费。同时，在JIT生产方式下，浪费的产生通常被认为是由不良管理所造成。例如，大量物料的存在可能便是由于供应链管理不良所造成。

3.2.2 工序转换与拉动式生产

准时生产的核心思想之一是在需要的时候，按需要的量完成所需的工作量。这就要求缩短各工序、各分项工程的转换时间，尽量使各分项工程之间的转换时间接近于零。也就是说，任何一道工序一结束，应该立即转到下一道工序去；任何一个分项工程结束，就立即转到下一个分项工程，最终实现间隔时间为零的状态。工序或分项工程转换涉及三个方面，即施工人员、设备工具、建筑材料。

在施工过程中，每一道施工工序都要严格按照后一道工序所需的工作量向前道工序提出要求，其中包括人员、材料、机械设备等要求。它是一种反向流程的拉动式生产方法，可以避免产生在线库存。拉动式生产提供了一种信息平台，向上道工序提出要求，使上道工序可以快速做出响应，完成下道工序所要求的工作。每一道工序、每一个分项工程都要求在必要的时间内完成必要的工作量。

3.2.3 准时生产的主要目标

工程建造过程中，准时生产的主要运营目标如表3-1所示。

JIT生产方式的主要目标　表3-1

目标	目标描述
质量目标	不合格品或废品率最低：要求消除各种引起不合格的原因，要求在施工过程中每一工序都达到最高水平
生产目标	库存量最低：库存是生产系统设计不合理、生产过程不协调、生产操作不良的体现
	搬运量最低：如果能使运送量减少，搬运次数减少，可以节约时间和成本，减少搬运过程可能出现的损毁等问题
	机械设备损坏率低
	材料批量尽量小
时间目标	准备时间最短：如果准备时间趋于零，准备成本也趋于零，就有可能采用极小批量
	施工生产提前期最短：短的生产提前期与小批量相结合的系统，应变能力强，柔性好

3.2.4　准时生产与供应链管理

准时生产离不开准时采购。也就是说，准时生产系统的一个重要组成部分是高效的供应链管理。准时采购的基本思想是采购方与供应商签订在需要的时候及时准确地提供所需数量和质量的材料、设备协议，它要求以市场需求为依据，准时地组织每个施工环节，为每种材料、设备建立稳定可靠的供应渠道。

工程建造过程需要采购大量的、多品种的原材料。随着施工进度的推进，要求这些材料、设备处于不断的进货状态。如果一次进货太多，一方面，会出现资金占用量非常大，影响工程建设资金周转的问题；另一方面，由于受施工场地的限制，存放材料的地点不当容易产生出租费和二次搬运费。而如果进货太少，容易造成由于原材料储存不足、供应不及时而影响工程进度，而且频繁采购还使采购费增加，从而增加工程成本。

精益思想追求零库存。根据准时采购的原理和建筑产品的施工管理特点，建筑供应链管理的核心要素主要包括：确定最优批量，连续而稳定地多批次小批量交货，缩短提前期并且高度可靠；保持采购物资的高质量；减少供应商数量，建立长期供、货信誉好、实力强的供应商网络。

借助于新一代信息化技术，建立数字化供应链管理系统，以满足准时采购的要求。

3.3 末位计划系统方法

3.3.1 末位计划系统方法的概念

末位计划系统（Last Planner System，LPS）是拉动式生产系统。基于准时化施工和施工工序，对原有的施工流程进行调整，以实现拉动式生产。对于施工流程的组织安排，把关注点放在后一道工序的需求上，用后一道工序的需求拉动前一道工序的开展。类似于通常所说的“倒排”计划。

在末位计划系统中，由末道工序的“末位工作者”根据后一道工序对前一道工序的需求来制定计划，不同于传统计划体系的“推式计划”，末位计划系统强调“拉式计划”，并要求一线员工参与工程项目计划的决策，以此减少不必要的工作和等待时间，最大限度加快建设进度。

精益建造采用循环的计划控制体系来进行生产，强调计划和控制同时并循环出现。建筑产品生产过程是动态的，建造系统非常复杂，计划与控制并行可以提高施工的可靠性，减少浪费。末位计划者技术与传统自上而下的计划体系截然不同，它通过工作流上最后施工作业人员来拉动计划的制定，运用长期计划和短期计划相结合来共同控制工作的完成，可以有效地缩短施工作业人员等待作业的时间，增加工作流的可靠性与稳定性，是精益建造的核心技术。

3.3.2 末位计划系统方法的实施过程

为了避免由施工项目计划变更造成的各项资源浪费，项目经理部在开工之前需要制定详尽的施工进度计划，该计划由参与项目施工中的人员共同编制，需要项目部领导层先提出一个总体的主计划，再将主计划针对不同施工阶段的情况进行细化，最小计划单位是周计划，周计划由最后一个负责人员（通常为现场管理人员）制定并逐级向上汇报，在一周结束时运用完成计划的指标进行考核评价。能达到降低项目成本（较少工人等待工作）、缩短项目工期、提高质量（只有达标才能被交付）、改善安全（工作环境更稳定）的功效。

末位计划系统方法根据上层计划者的指令，考虑现场的实际情况来制订计划，提高计划的可靠性。该方法的核心思想是通过工作流程上最后施工作业人员来拉动计划的制订，运用长期计划和短期计划相结合来共同控制工作的完成。末位计划方法通常包含三个层次的计划：面向项目的主控计划、面向工序的周计划以及面向阶段的前瞻计划，三者相互结合，相辅相成，可以最大限度地减少计划的不确定性，充分调动参与项目的上层计划者到底层操作者的积极性，减少项目执行过程中的变化，保证工作流的稳定性。末位计划技术的具体制定步骤如图3–1所示。

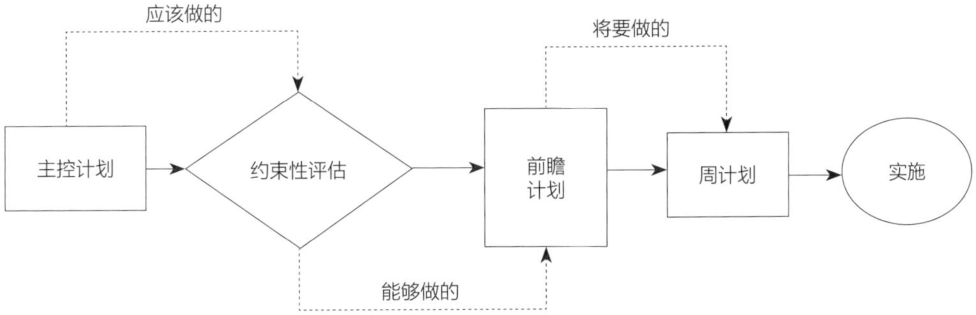

图3-1 末位计划者方法实施过程

第一步，根据建筑工程项目目标和信息制订主控计划（应该完成的计划），仍按传统计划制订方法，但参与制订者不仅是上层管理者，还包括作业层的班组长，主要是为了设立里程碑，宏观调控整个工程项目建设过程。

第二步，根据项目工期、施工条件等约束条件进行约束分析和准备工作分析，结合实际条件制定能够完成的工作计划。即把“应该做什么”转变为“能够做什么”，这样就相当于形成了一个“准完成”工作库，这是与传统计划方法最大的区别。

第三步，基于前两项工作，得出一个向前滚动的前瞻计划，即近两三个月的工作计划。

第四步，基于滚动更新的前瞻计划导出更加详细的周计划，周计划就是工人下一周实际执行的工作计划，这个计划是一个可执行的计划。这是操作层的末位计划者（工头、工长）做出的承诺，承诺他们实际将会完成什么工作。

3.3.3 末位计划系统绩效评价

末位计划系统的履行情况可通过计划的执行结果来衡量。末位计划系统用计划工作完成百分比（the Percent Plan Complete，PPC）来测量计划的执行情况，是用已完成的工作量除以计划的工作量，用百分比来表示。PPC综合了项目进度、执行策略、预算单位成本等指标，以此衡量生产单元层次的计划与控制水平，即每周工作计划的执行情况。在保证计划质量的前提下，PPC越高意味着工作的有效性和效率越高。当PPC、PCC、PRC三个指标联合使用时，可以更好地反映计划执行的效率和工作中真实的成本支出、资源消耗。

计划工作完成百分比PPC（Percent Plan Complete）

$$PPC=\frac{\text{已完成的工作量}}{\text{计划的工作量}}\times 100\%$$

成本支出百分比PCC（Percent Cost Complete）

$$PCC=\frac{\text{已支付的成本}}{\text{计划支付的成本}}\times 100\%$$

资源消耗百分比PRC（Percent Resource Consume）

$$PRC=\frac{\text{已消耗的资源}}{\text{计划消耗的资源}}\times 100\%$$

3.3.4 末位计划系统方法的创新

在国内的工程建设管理体制背景下，末位计划系统方法的应用除了遵循市场经济规律外，还要强调行政约束力的作用。

在大多数情况下，工程项目末端工序的完成时间具有硬性约束，即通常所说的后门关闭。末位计划的重点在于如何配置资源、优化方案、调动操作工人积极性，创造条件确保闭门工期。

随着信息技术的普及应用，进度计划类软件功能对于编制计划提供了极为便利的条件。基于BIM的项目管理平台，处于三个层级的计划工程师可以针对同一工序或分项工程进行估算和综合平衡，达成对计划可行性的一致意见。

3.4 作业成本法

3.4.1 作业成本法的概念

作业成本法（Activity-Based Costing，ABC）是将成本管理的焦点从工程项目实体转移到建设过程的每一项作业活动。通过持续改进作业来减少浪费、实现工程成本降低是精益建造管理思想的体现。作业流程是基本组成单元，作业成本管理伴随整个流程来开展，从而实现动态管理，即作业成本计算分析的成果体现在建设流程中，建设流程的优化和改造继续拉动成本降低。

在作业成本管理模式下，通过作业对资源的消耗过程、产品对作业和资源的消耗过程的成本动因分析，判别作业和产品对资源的耗费效率，识别有效作业和无效作业、增值作业和不增值作业，使成本控制从产品级精细到作业级。简言之，作业成本法的指导思想是“成本对象消耗作业，作业消耗资源”。

3.4.2　作业成本法的基本元素

作业成本法不同于传统的直接以产品数量为基础的成本系统，而是把成本计算深入作业层次，以“产品消耗作业，作业消耗资源”为主线，通过对作业成本的确认和计量，对所有作业活动进行追踪和动态反映。提供相对准确的成本信息，以求尽可能消除不增值作业，改进可增值作业，促使损失、浪费减少到最低限度，提高成本决策、计划、控制的科学性和有效性，促进企业管理水平的不断提高。

（1）作业（Activity）。作业是企业提供产品或劳务过程中的各工作程序或工作环节，它指一个组织为了某种目的而进行的消耗资源的活动，它是连接资源与成本目标的桥梁。作业是投入产出因果联动的实体。无论何种作业，都是资源投入和效果产出的实实在在的过程。同时，作业贯穿于组织运作的全过程，是沟通企业内部和连接企业外部的媒介。

（2）资源（Resource）。资源指支持作业的成本和费用来源，它是一定期间内为生产产品或提供服务而发生的各类成本、费用项目，或者是作业执行过程中所需要花费的代价。

（3）作业中心（Activity Center）。作业中心是一系列相互联系、能够实现某种特定功能的作业集合。例如，原材料采购作业中，材料采购、材料检验、材料入库、仓储保管等都是相互联系的。

（4）作业动因（Activity Drive）。作业动因是指作业发生的原因，它计量成本对象对作业的需要，并被用来向成本对象分配作业成本。作业动因是将作业成本库中的成本分配到产品或劳务中的标准，也是将资源消耗与最终产出相沟通的中介。

（5）资源动因（Resource Drive）。资源动因计量作业对资源的需求并用来向作业分配资源成本。按照作业成本法的规则，资源耗用量的高低与最终产品没有直接关系，作业决定着资源的耗用量。

3.4.3　作业成本法的实施过程

作业成本法有助于优化工程项目成本管理业务流程，准确核算项目成本，减少施工生产过程中的不增值作业，减少资源的浪费，从而达到降低成本、增强企业竞争力的目的。

作业成本法在建筑企业中的实施过程如下：

1. 作业调研

作业调研是详细了解建筑企业的整个作业过程，梳理成本流动次序和导致成本发生的因素。了解各个过程对成本的影响，以便于设计作业–责任控制体系。工程项目的建设过程可分为投标、施工、调试、维护多个阶段，可以据此厘清成本流动的次序，以收集作业信息。

2. 作业认定

可以采用绘制流程图的方式认定建筑企业作业，将各种生产过程通过网络的形式表现出来，每一个流程都分解出多项作业，最后将相关或同类作业归并起来，可以较快地取得有关作业的资料。例如，某厂房工程项目中，可以分解成主体结构工程、管道安装工程、设备安装工程、电气安装工程等分部分项工程，将整个流程细分成多项作业，从而对作业进行认定。

3. 成本归集

找出与各项作业相关的资源成本，通过现有的计量指标直接进行分配。例如，将材料成本归集到消耗材料的加工作业中。也可以通过分析某一员工的工作时间在不同作业上的分配来估计该员工的工资如何分配到不同的作业上。然后，根据作业的类型和资源成本的性质来确定成本动因。作业成本计算法基于资源耗用的因果关系进行成本分配：

（1）根据作业活动耗用资源的情况，将资源耗费分配给作业；

（2）再依照成本对象消耗作业的情况，把作业成本分配给成本对象。

4. 建立成本库

按成本动因建立成本库。选定作业成本动因后，就可按照同质的成本动因将相关的成本归集起来。每个成本库可以归集人工、材料、机械设备等费用等。

5. 设计模型

设计作业成本核算模型主要确定建筑企业资源、作业和成本对象，包括它们的分类、与各个组织层次的关系、各个计算对象的责任主体、资源作业分配的成本动因，资源到作业的分配关系，建立作业到产品的分配关系。

6. 应用软件

随着计算机技术的发展，大量的软件工具支持了作业成本法的应用，软件工具有助于完成复杂核算任务，有助于对信息进行分析，更增强了其准确性，加快了核算速度。

7. 运行分析

通过输入成本数据，运用作业成本法，对作业成本的计算结果进行分析与解释，例如成本偏高的原因、成本构成的变化等，为决策者提供依据。

8. 持续改进

对作业成本实施过程中发现的问题，采取相应措施，实现持续的效果改进，如消除不增值作业、提高增值作业运行效率等。

3.5　6S现场管理方法

3.5.1　6S现场管理的概念

6S是指整理（Seiri）、整顿（Seiton）、清扫（Seisou）、清洁（Seiketsu）、素养（Shitsuke）和安全（Safety），6S是一种在生产现场中对人员、机器、材料、环境等生产要素进行有效管理的方法。“6S”是一个系统，彼此之间要相互关联、支撑（图3-2）。

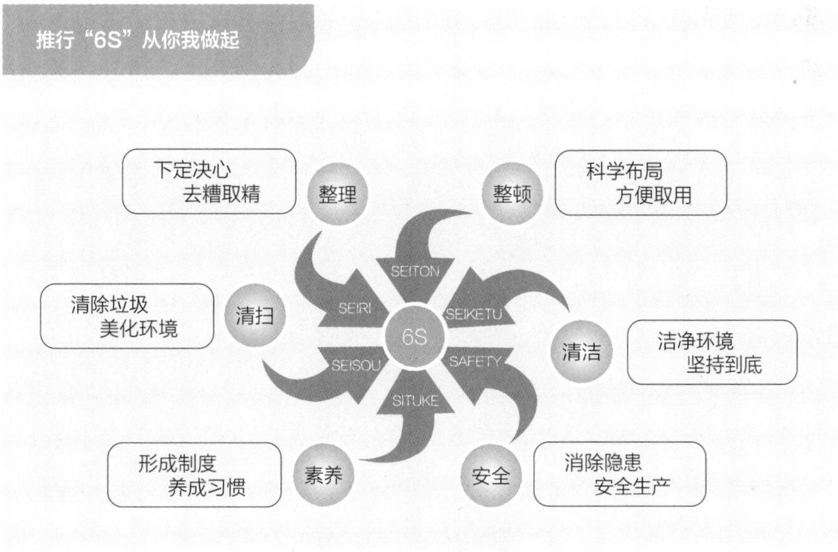

图3-2　6S内涵示意图

整理是将施工现场物品分类为常用、偶尔使用和不使用三类，分别安置在固定的储存处或清除。目的是发现危险隐患、降低风险系数。

整顿即清除不使用物品，对现场布置重新规划与安排，划分设备警戒、运行、检修等不同区域。同时在现场设置管理看板，将危险因素和对应的防范措施明确表示出来，让现场工作人员迅速判断现场环境的安全性和设备所处的状态，帮助现场人员提高安全意识，提醒现场人员正确、安全施工。

清扫的目的是工作现场无垃圾、无污脏。制定现场清洁标准，及时清除现场垃圾，改善施工现场环境，提高安全可靠性。

清洁是基于以上3个步骤的管理，将暂时行动转化为常规行为，目的是总结方法，形成管理制度，长期贯彻实施，并不断检查改进。整理、整顿、清扫、清洁是实施6S的基础，通过对现场不断地整理、整顿、清扫、清洁，使现场管理人员和施工作业人员养成良好习惯，最终达成全员职业素养的提升，体现了企业管理“以人为本”思想。

3.5.2 6S现场管理的实施步骤

6S现场管理方法的实施步骤如图3-3所示，这是一个提出问题、分析问题、解决问题的闭合循环。以前期决策阶段的目标为导向，实施阶段为主要环节，其中培训主要以说明和教育为主，向全体人员解释说明实施6S管理的必要性及相应的内容。考核与纠偏阶段必须以科学、可操作的考核标准为依据，通过持续改进和循环，提高现场管理水平。

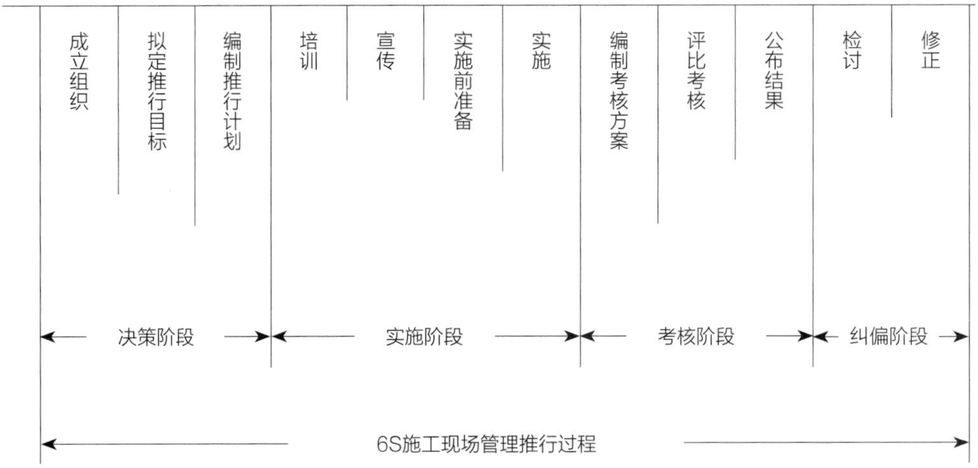

图3-3 6S管理实施步骤

3.6 全员生产维护

3.6.1 全员生产维护的概念

全员生产维护（Total Productive Maintenance，TPM）是一种全员参与的生产设备维护方式，也称之为全员设备保全，其要点在于“生产维护”及“全员参与”。通过建立一个全系统员工参与的生产维护活动，使设备性能始终处于最优状态。

设备的良好运行可以减少施工中因设备故障造成的窝工现象。因此，建立良好的设备保全方式是实施精益建造的重要基础。

TPM是指在施工过程中树立全方位的设备维护观念，同时全员参与设备保护。全方位预防维护和设备保全分担是TPM设备保全的核心。全方位维护观念要求做好定期保全、预知保全、事后保全、改良保全。设备保全分担要求不仅是机械管理部门要做好设备的保养维护，从事施工作业的操作人员也需要参与设备的维护。实践表明，对一线作业人员进行一定的教育培训，可以事先排除大部分设备故障，从而减少等待作业的时间，降低施工项目成本，减少安全事故的发生。

3.6.2 全员生产维护的核心思想

（1）以设备最高综合效率为目标。

（2）确立以设备一生为目标的全系统的预防维修措施。

（3）设备的计划、使用、维修等所有部门都要参加。

（4）从企业的最高管理层到第一线职工全体参与。

（5）行机动管理，即通过开展小组的自主活动来推行生产维修。

3.6.3 全员生产维护的全效率

TPM的目的是最大限度地发挥设备的功能和性能，提高生产效率，实现“全效率”。

“全效率”在于限制和降低以下6种损失：

（1）设备停机时间损失（停机损失）。

（2）设置与调整停机损失。

（3）闲置、空转与短暂停机损失。

（4）速度降低损失（速度损失）。

（5）残、次、废品损失，边角料损失（缺陷损失）。

（6）产量损失（由安装到稳定生产间隔）。

3.7 关键链方法

关键链方法是以色列物理学家艾利·高德拉特（Eliyahu M. Goldratt）博士在1997年出版的管理著作《关键链》一书中首次提出的。该书将约束理论应用于项目管理之中，强调以有限的资源与消除不良的工作行为进行项目进度的规划和管理，并提出通过集中管理项目的缓冲时间来监控整个项目的执行情况。与传统项目进度管理不同的是关键链不仅考虑了任务间的逻辑关系，还考虑了任务间的资源约束关系，以及在项目实施过程中人的行为因素，为项目进度管理提供了一种全新的方法。

3.7.1 关键链方法的概念

关键链方法是一种根据有限资源编制项目进度计划的网络分析技术。在资源约束下，用最短时间完成项目工期目标。

关键路径法和关键链法两者都属于编制进度计划的常用方法。通常在用关键路径法编制进度计划时，不考虑任何资源限制，沿着网络路径顺推与逆推分析，计算出所有活动的最早开始、最早结束、最晚开始和最晚结束日期以及时差。

关键链法引入了缓冲和缓冲管理的概念。关键链法在项目进度路径上设置缓冲，以应对资源限制和项目不确定性。这种方法考虑了资源分配、资源优化、资源平衡和活动时间不确定性对关键路径的影响。

关键路径法每个活动上都预留了安全时间，关键链法把这些安全时间都去掉，设置按需分配的缓冲时间。资源约束型关键路径就是关键链。

3.7.2 缓冲与缓冲管理

由于每一个项目的执行过程都必然有扰动，即墨菲效应影响项目的顺利进行，关键链法引入时间缓冲来应对墨菲效应，以保证项目能够按时完成。缓冲的设置是关键链技术的核心，体现了关键链理论“局部最优并非整体最优”的管理思想。关键链在项目进度管理中有以下三类缓冲：

1. 项目缓冲（Project Buffer，PB）

放在关键链末端的缓冲时间，用来应对整个项目的扰动，当扰动发生时，可以使用项目缓冲的这段时间来处理（图3-4），用来保证整个项目按时完成。

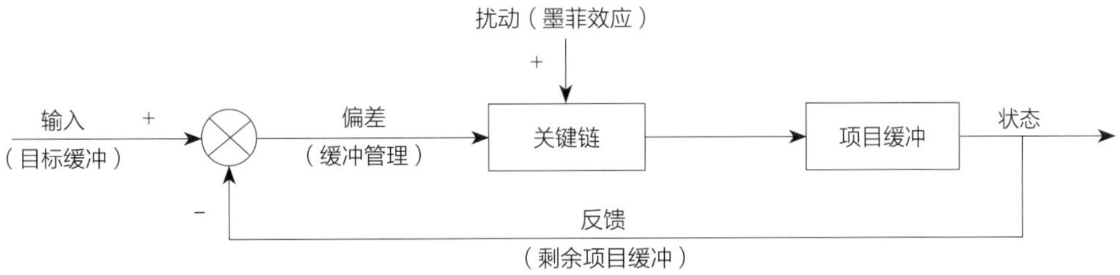

图3-4 项目缓冲示意图

2. 接驳缓冲（Feeding Buffer，FB）

也称之为输入缓冲，安置在非关键链与关键链的接口处的缓冲时间，防止各分支路径出现扰动传导给关键链，从而消耗关键链的时间（图3–5）。用来保证非关键链按时完成，不会影响关键的进行。

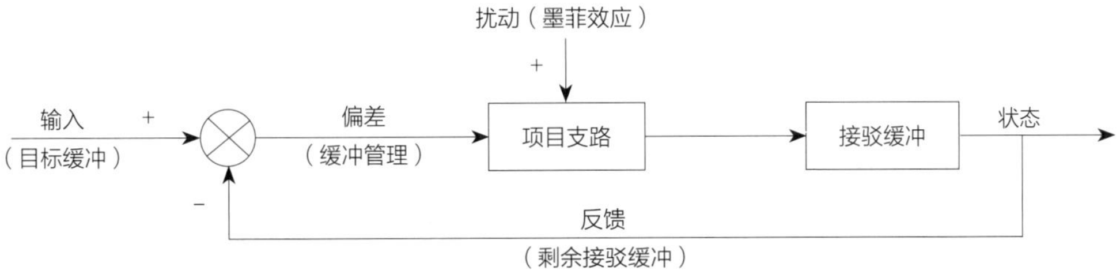

图3-5 接驳缓冲示意图

3. 资源缓冲（Resource Buffer，RB）

资源缓冲并不耗费时间，是为了防止关键链受资源短缺的影响而设置的，只要资源在关键链上进行分配，并且该关键链上的前序任务由不同资源完成，就要设置资源缓冲，目的是保证资源在其需要时随时可用，并保证资源在关键链任务提前开工的情况下可用。有时某个资源是制约整个项目的瓶颈，那么就需要在这个资源之前增加资源缓冲，以保证这个资源的最大产出（图3–6）。

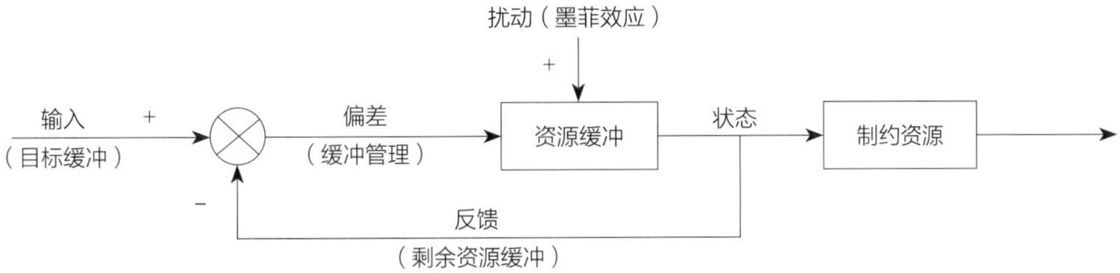

图3-6 资源缓冲示意图

资源缓冲实质上是一种预警机制，通过及时合理的沟通，让资源供应方及时了解项目的最新进展，以此保证资源能够及时到位。

概括而言，在项目的关键链末尾增加项目缓冲，来应对关键链上的扰动；在支路与关键链之间增加接驳缓冲，来防止支路的扰动影响关键链的进行；在制约资源X之前增加资源缓冲，以保证制约资源不短缺，防止因制约资源供给不及时而影响关键链进度的顺利推进（图3–7）。

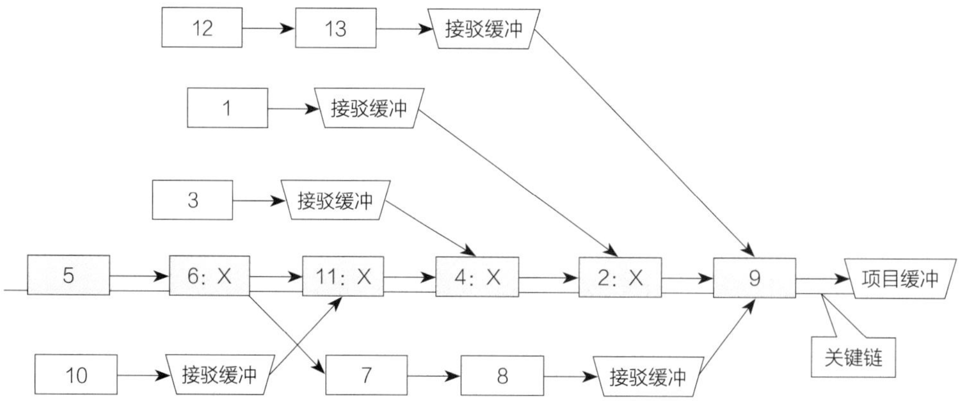

图3-7 关键链缓冲案例示意图

在工程进展过程中，缓冲区管理可以帮助管理人员做出更准确的判断，在进度落后的时候，什么情况下需要采取措施。缓冲区管理是根据项目缓冲区消耗百分比、关键链上任务完成率这两个指标来判断是否应该采取追赶进度的措施。

关键链方法采用三种颜色来表示一个项目的状态，以及应该如何采取行动。红色表示缓冲损耗很严重，剩余工作量还很多，剩余缓冲不足以保证项目按期完成，项目进度落后严重，项目延期风险很大，必须采取措施追赶进度；绿色表示剩余缓冲还很充足，项目进展良好，不需要采取任何措施；黄色介于二者之间，缓冲有一定程度损耗，项目进度已经落后，有一定的延期风险，需要密切关注，寻找原因，做好追赶进度的准备。但还不需要立即采取措施。

3.7.3 关键链方法的应用步骤

关键链方法是约束理论（Theory of Constraints，TOC）在项目管理领域的具体应用。它首先根据项目活动（工序）的技术约束做出项目的网络图，然后考虑项目活动所受到的资源（如劳动力、施工机械等）约束，对网络图进行必要的调整，得到项目的初始进度（Initial Schedule）计划，初始进度计划中持续时间最长的线路即为项目的关键链（Critical Chain），最后将所有项目活动（工序）的持续时间减半，按照某种特定的计算方法，将节省的时间以缓冲区的形式加入进度计划中的不同位置。

（1）找出系统中的约束因素。在考虑资源约束的情况下，确定项目的关键任务和关键链。

（2）挖掘约束因素的潜力。用任务所需的平均时间作为最终的计划时间，在关键链的末端集中附加全部的安全时间，设立项目缓冲时间。

（3）使系统中所有其他工作服从于第二步的决策。保证所有关键链上的任务不受其他非关键任务的影响。设立接驳缓冲，以保证项目能够按计划及时完成。设立资源缓冲，以防止关键链任务因资源没有及时到位而发生延误。

（4）给约束因素松绑。如果由于某些原因导致项目发生变更，如完工日期要求提前，则需要安排更多的资源在关键链上，给约束因素松绑。

（5）若该约束已经转化为非约束性因素，则回到第一步。如果项目发生较大的变更，导致关键链发生变化，则需要重新回到第一步，在新的情境下再分析关键链。

第4章

精益建造管理体系

4.1　精益建造管理体系的特征和构架

把精益思想和方法融入工程建设项目全寿命期过程，形成工程项目精益建造管理体系。精益建造（lean construction，LC）是工程建设管理的一种新思维，其基本思路是从建筑及其生产特性出发，在保证工程质量和安全的前提下，以最短工期、最少资源消耗的方式，追求零浪费、零库存、零故障、零缺陷，以达到浪费最小化、工程价值最大化的目标。

4.1.1　精益建造管理体系的特征

1. 消除浪费是精益建造管理体系的首要任务

在建筑企业施工现场，浪费现象是普遍存在的，尽管在不同的企业，浪费现场的表现程度不同而已。所谓浪费，从广义上说是指不产生任何附加价值的动作、方法、行为和计划。按照经典文献的描述，建筑企业的浪费现象有100多种，其中，有7种典型的浪费。

（1）生产产品过多的浪费。表现为物流阻塞，库存、在制品增加，产品积压造成不良发生，资金回转率低，材料、半成品过早取得，影响计划弹性及生产系统的适应能力等。

（2）等待的浪费。包括施工机器操作中，人员的“闲视”等待，施工作业负荷度不够的等待，设备故障、材料不良的等待，生产安排不当的人员等待，上下工序间衔接不当造成的等待。

（3）搬运的浪费。包括材料、预制件搬运距离太长，小批量重复运输，不同工序间的搬运，出入库次数太多的搬运，破损、刮痕的发生等。

（4）工序施工中的浪费。包括在工序施工时超过必要的距离所造成的浪费，模板支模时重复试模，不必要的操作动作，施工中的材料浪费，最终工序的返工或修复。

（5）库存的浪费。包括不合格品存放在库房内待修，设备能力不足所造成的安全库存，工序变换时间太长造成人、材、机的浪费，采购过多的物料变库存等。

（6）操作动作的浪费。包括操作时的多余作业，动作顺序不当造成动作重复的浪费，寻找配件的浪费，小零件组合作业时的浪费等。

（7）制作不合格的浪费。包括因施工作业不熟练所造成的不合格，因不合格修整时所造成的浪费，因不合格造成人员及工程量增多的浪费，材料费增加等。

对于施工现场的浪费，还可以从管理要素的角度进行划分。例如，下述是关于从物资浪费、人力浪费、设备浪费、作业方法浪费、管理浪费、质量浪费、安全浪费等方面梳理的浪费现象。

在施工项目管理过程中，引入精益建造思想方法，其首要任务就是要消除这些浪费现象。换言之，通过在进度管理、成本管理、质量管理、安全生产管理中，实施系统的精益计划和控制，降低各类资源消耗，节约成本，缩短工期，提高质量，更好地实现项目建设目标。

2. 流水生产线是精益建造体系的运行载体

尽管建筑产品的建造过程具有非连续性的特点，不易展开大规模流水作业，但是，当把整体工程分解为分部分项工程后，在特定的某个分项工程的施工过程中，仍然可以引入流水生产原理，构建“小段流水施工生产线”，若干个“小段流水施工生产线”汇集成为整个工程项目的流水施工生产体系。正是由于可以采用“小段流水施工生产线”的方式进行施工作业，精益思想和方法的应用才具备了实施的条件基础，从而形成“精益施工流水生产线”。

“建设工程项目精益流水生产线”最主要特点是施工过程（工序或工种）作业的连续性和均衡性。施工过程连续性又分为时间上的连续性和空间上的连续性。时间上的连续性是指专业施工队在施工过程的各个环节的运动，自始至终处于连续状态，不产生明显的停顿与等待现象；空间上的连续性要求施工过程各个环节在空间上布置合理紧凑，充分利用工作面，消除不必要的空闲时间。组织均衡施工是建立正常施工秩序和管理秩序、保证工程质量、降低消耗的前提条件，有利于最充分地利用现有资源及其各个环节的生产能力。

“建设工程项目精益流水生产线”是一种合理的、科学的施工组织方法，它可以在建筑工程施工中带来良好的经济效益。①流水施工按专业工种建立劳动组织，实行生产专业化，有利于提高生产率和保证工程质量；②科学地安排施工进度，从而减少停工窝工损失，合理地利用了施工的时间和空间，有效地缩短施工工期；③施工的连续性、均衡性，使劳动消耗、资源供应等都处于相对平稳状态，便于工程管理，降低施工成本。

3. 数字化平台是精益建造体系的有效支撑

精益建造的主要原则是减少变化原则、增加灵活度原则、拉动式生产原则、标准化原则、精简原则、并行工程原则、可视化管理原则、持续改进原则、合作伙伴关系原则。BIM的主要功能体现在模型可视化、确保模型与信息的精确性和完整性、图纸文档的自动生成、高级分析功能、设计与施工的整合、进度计划变更的快速生成和评估、在线交流和即时通信、计算机控制预制加工。BIM技术与精益建造思想和方法的融合对建设工程项目管理体系的升级正在显现出巨大的优越性。

以BIM为代表的数字化平台对于精益建造的支撑作用是多方面的。①三维可视化和精确定位；②碰撞检测和合理布局；③设备参数复核和校验；④虚拟施工组织过程；⑤施工现场布置优化；⑥进度、成本、质量综合优化；⑦施工作业面协调管理优化。在工程项目管理实践中，以BIM技术为平台，促进精益建造方法对施工项目实施过程的精准控制，将推动项目管理效益的最大化。

4. 全要素供应链是精益建造体系的资源保障

传统的供应链是基于大工业生产和工业产品流水生产线的特性而发展起来的，满足了大规模连续生产过程对原材料、半成品供应的需要。由于在流水生产线上，工人操作的工位是相对固定的，模具和工装是相对固定的，工艺参数和技术方法、产品标准等也是相对固定的。换言之，在工业产品流水生产线上，除了被加工对象——产品（及其原材料或半成品）处于流动状态之外，其他的生产要素都是处于固定状态的。在这种情形下，流水生产线的资源保障的主要内容表现为对物流这一要素资源的管理。

然而，建筑产品的生产过程、状态与工业产品相比却有很大的不同。建筑产品和生产大多是单件订制方式，产品固定（或者说是附着）在某一地点，按照图纸要求，在产品生成的不同部位，配置不同工种的生产工人，采用不同技术方法，借助于不同的工器具或施工机械，依据不同的验收标准，对建筑材料或者预制件进行加工、安装、装饰，最终形成实体产品。在这一过程中，除了产品处于固定位置之外，其他的各类要素资源都处于流动状态。因此，施工项目精益建造管理体系的资源保障被赋予了更加丰富的内涵，过程管理更加复杂。

4.1.2 工程项目精益建造管理体系的构架

根据上述对建设工程项目精益建造管理体系特征的分析，建设工程项目精益建造管理体系的构架如图4-1所示。

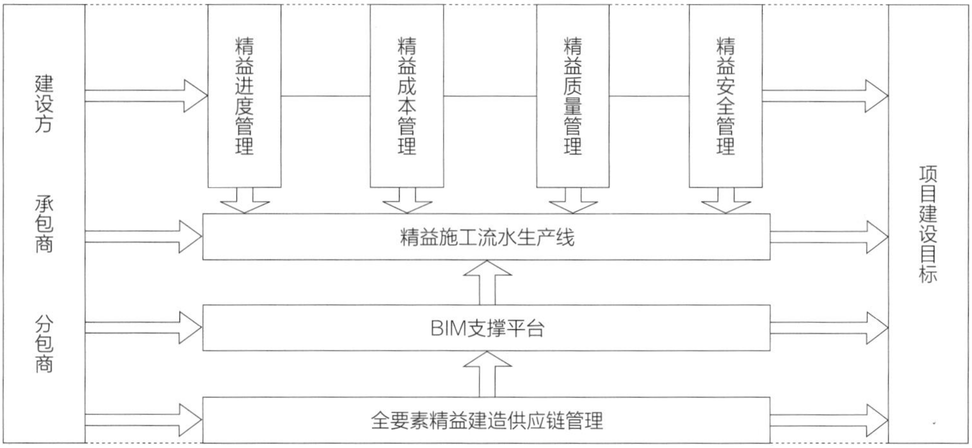

图4-1 精益建造管理体系构架示意图

4.2 面向工程项目全寿命期的精益建造体系

如果从工程项目全寿命期过程定义精益建造的范围，精益建造体系分为五个阶段的管理，即精益决策、精益设计、精益采购、精益施工、精益交付。在每一个阶段，精益建造管理都反映出不同的核心能力，并由此构成精益建造体系。

4.2.1 精益决策管理

1. 精益决策管理的内容

工程项目决策阶段是对项目建设的必要性、实施的可行性、方案的合理性进行评估和论证分析的过程。决策阶段的主要工作内容是项目建议书的编制、可行性研究报告的编制以及对拟建项目进行的最终评估与抉择。项目建议书主要分析拟建项目与国家和社会发展规划、行业发展规划、地区规划的契合性，分析拟建项目是否具备建设和生产运营的基本条件、是否具备获得建设和生产运营基本条件的可能性。项目可行性研究主要是分析拟建项目的规模大小选择、项目建设地址的选择、建设过程原材料的供应、项目建设的组织结构、项目融资方案选择、技术方案选择、财务评价、国民经济评价、社会评价以及风险分析。项目最终的评估与抉择是对项目建议书和项目可行性研究报告进行审核评估，确定项目是否可行、是否合理，以及对建设方案进行比较选择。

决策阶段决定了拟建项目的用途、功能、建设规模等内容，项目决策主体、决策方法及决策目标是影响项目决策质量的重要因素，项目决策质量是影响项目成败的决定性因素，特别是项目投资方案的决策会对项目成本产生巨大影响。建造顾客满意的产品是精益思想在建筑生产过程中的最佳体现，也是精益建造的核心，只有顾客满意的产品才是有价值的产品。精益建造要求在项目决策阶段对项目的功能和用途等进行精准定位，同时精确评估项目的实施方案，精准定位能力和精准评估能力是精益决策能力的重要体现。

2. 精益决策管理的核心能力

在精益决策管理阶段，精益决策管理的核心能力包含两个指标，即精准定位能力和精确评估能力。

（1）精准定位

精准定位能力是指根据国家政策、社会地区的发展规划以及市场发展状况，准确定位项目的用途、功能和建设规模的能力。项目决策阶段确定的关于项目的用途、功能和建设规模等内容都会对项目的设计、施工、材料的供应产生非常大的影响。例如，建设规模的大小需要满足市场需求，否则规模过大超过市场需求，造成浪费，项目规模过小，导致建设成本增加、效益低下。精准定位项目的用途、功能和建设规模，可以有效地满足需求、节约成本，进而提高生产效益。

（2）精确评估

精确评估能力是指在决策阶段对项目建设的必要性、可行性和合理性进行准确识别和评估的能力，即判断拟建项目与国家政策、社会发展规划以及市场发展的契合性，对项目建设方案，如技术方案、设备方案和工程方案等进行比选评估的能力。项目技术方案直接决定了产品生产时的工艺流程和建造技术，而设备方案决定了项目建设过程中需要用到的设备类型及数量，这些都会对工程项目的成本产生影响。价值工程是精益建造模式下对项目各种实施方案进行比选和评估的重要工具，价值工程工具的使用贯穿项目实施的全过程。实践表明，越早使用价值工程，对项目效益和实施效果越有利。

4.2.2　精益设计管理

1. 精益设计管理的内容

设计阶段的最终成果是图纸，图纸是工程项目施工的重要依据，在整个建设过程中都发挥着不可替代的作用，设计质量对工程项目的进度、质量和成本有重要影响。工程项目具有复杂性、技术难度大、投资控制严格的特征，因此，工程项目的设计是一个复杂多变的过程。传统建造模式下，设计过程存在较多缺陷，例如设计人员知识经验不足，在施工过程中发生大量设计变更，造成返修浪费；设计阶段建设单位的参与度较低，设计人员不能及时了解业主的需求，使得业主对最终的成果不满意；设计人员一味追求美观，而忽视了对建造工艺的要求和成本的控制。为了控制工程项目成本，提高项目质量，减少浪费，在工程项目的设计阶段应该推行精细化管理。

精益设计要求准确识别业主的需求，项目利益相关方协同工作，不断优化设计。依据精益建造理论，在设计阶段应该采用并行工程原理，建设单位、施工单位都参与项目的设计中，及时发现设计过程出现的错误，减少因设计变更带来的项目损失和成本增加，同时建设单位的提前介入可以使建筑产品更好地满足业主的要求。陈再玉（2006）提出在设计前期应该建立良好的沟通机制，与施工方、业主进行及时沟通，充分了解业主需求，从而减少设计变更和保证设计成果的可建造性。刘邦营（2017）认为当下精益设计就是要充分发挥BIM技术的作用来实现协同设计，不仅是不同专业之间的协同，还应该包括项目建设的各个利益相关方的协同，同时还应该应用BIM技术对设计方案不断优化。如此才能提升设计效率，减少设计变更，提升设计质量。

2. 精益设计管理的核心能力

精益设计能力主要体现在需求识别能力、协同设计能力、优化设计能力、数字化设计能力四个方面。

（1）需求识别

设计阶段的主要工作是将业主的需求转化为施工图纸。从建筑业的实际情况来看，设计工作往往开始于合同未签订之前，在这种情况下，设计工作没有明确的目标，对顾客详细需求不明确，造成施工阶段发生较大的设计变更。精益建造要求最大限度满足顾客的需求，只有满足顾客需求的产品才具有最大的价值。因此，为了实现精益建造的目标，设计人员应该准确识别业主对建筑产品需求，深入分析建筑产品的功能。设计人员在开展设计工作之前，需要充分调查和研究顾客的需求，充分熟悉合同文件，只有这样才能提升需求识别能力，从而最大限度满足顾客需求。

（2）协同设计

协同设计是指在设计过程可以同时利用多个个体或者多项软件工具协同工作。传统建造模式，设计阶段不能充分利用人力和物力，造成设计资源极大的浪费。并行工程是实施精益建造的关键技术手段，并行工程要求建设单位、施工单位提前介入项目设计阶段，保证项目的设计可以满足业主的需求、提升施工的可建造性。精益建造要求将设计阶段的各个任务当成一个集成的过程，有效集成各类资源，充分发挥每个员工的作用，不同专业人员相互配合、分工协作，通过信息共享平台反馈信息，达到缩短工期、降低成本的效果。

（3）优化设计

优化设计是从多种设计方案中选择一种最合理最佳方案的过程，也是不断消除设计中不合理因素的过程，在保证项目基本功能和安全的基础上使项目成本最小，是精益设计的核心，也是精益设计能力的重要体现。价值工程是优化设计常用的手段，也是精益建造实现项目价值最大化的核心技术。价值工程通过对项目的功能与费用进行分析，对多种设计方案进行比较和选择，不断优化项目的功能，从而提升项目的价值。

（4）数字化设计

BIM技术已经成为建筑产品设计的重要手段。BIM软件将数字化的建筑实体的构件作为设计元素，它能自动计算和反映这些元素之间的空间关系和功能联系等，为设计师想象力的发挥提供了极大的空间。如今，BIM技术已成为建筑设计的发展趋势。BIM基于云技术，能够成为从设计到施工全阶段自动化传递数据的互联网在线转换工具。在自动转化的过程中，含有属性信息的构件或供应商产品的标准信息都将加载在几何模型上，包括如材料颜色、材质等的产品信息，以及施工安装信息和保修信息等，通过这一环节的信息数据具象化，可以增强后续施工环节的可预测性。以数字形式表示的建筑构件携带着可计算的图形数据信息，被定义的数据支持着软件应用和参数化规则能被更智能化地控制。建筑构件信息具有一致性和连续性，可以进行建筑分析、工作流程设置、成本统计规格说明、能源分析、碳排放分析。建筑构件数据能让各专业模型视图更好地协同工作。

4.2.3 精益采购管理

1. 精益采购管理的内容

工程项目建设涉及的材料设备等资源的种类繁多，数量巨大，物资材料费用占建造成本的将近70%，采购管理水平的高低对于工程项目管理绩效有很大的影响。与传统采购管理模式相比，精益采购管理具有很多优势，见表4–1所示。传统建造模式下，材料浪费、材料库存堆积现象很严重，这也是造成工程项目成本超支的重要原因之一。精益建造模式下的采购管理可以实现材料准时采购、按需供应，避免供应不及时或提早供应造成的材料堆积、设备窝工，从而减少时间成本和费用成本，同时也可以为准时化地拉动生产提供良好的条件。牛占文（2011）等人认为货物的配送方式、物料及时、按质配送等都是影响企业精益物流的重要因素。陈礼靖和孙礼源（2015）认为精益采购管理应该做到准时采购、按需采购，以及选择合格的供应商。孙卫光（2015）认为应该与供应商建立长期稳定的合作关系，由供应商来监控材料的消耗进展，并及时补充材料，以此来拉动生产。戴栎（2005）认为精益采购管理应该与供应商形成战略联盟，采取伙伴式购买方式，从而达到双赢的目的。此外还应该对工程建设过程中涉及的零星材料应该实行零库存管理模式。

传统采购与精益采购比较　表4-1

比较因素	传统采购	精益采购
供应商选择	选择较多的供应商，需要协调关系，质量不容易稳定	采用较少的供应商，关系稳定，质量较稳定
供应商评价	合同履行能力	合同履行能力、生产设计能力、物料配送能力、产品研发能力等
交货方式	由采购商安排，按合同交货	由供应商安排，确保交货准时性
进货检查	每次进货检查	由于质量有保证，有限次数抽样检查
信息交流	信息不对称，容易暗箱操作	双方实时高度共享信息，快速、可靠，易建立信任关系
采购批量与运输	大批量采购，配送频率低、运输次数较少	小批量采购，供应商配送频率高，运输次数多

2. 精益采购管理的核心能力

精益采购能力归纳为准时采购能力、按需采购能力、零库存管理能力、供应商管理能力。

（1）准时采购

准时化思想是精益建造的核心，准时采购是一种基于精益建造理论的先进采购管理模式。准时采购是指可以在规定的时间内按照规定的数量、质量要求，及时准确购入项目实施所需材料。准时采购属于小规模采购，可以将材料库存成本转嫁给供应商，减少材料保管成本，同时还可以保证材料的质量，材料价格也较为稳定。

（2）按需采购

精益建造模式的核心是拉动式生产，按需采购材料是实施拉动式生产的前提条件。精益建造的目标是最大限度减少浪费，将浪费控制在源头，而材料是大部分浪费的根源。按需采购根据项目的进度计划进行物资采购，可以减少材料的保管成本，从而减少费用支出。

（3）零库存管理

零库存管理并不是指没有库存储备，而是指在采购、生产过程中材料不以库存的形式存在，而是始终处于周转状态，从而使材料库存最小化。零库存管理可以有效减少资金占有量，减少或消除采购管理中的一切无效劳动，提高物流的经济效益。

（4）供应商管理

在现有物流与采购管理中，对供应商的管理有竞争式和双赢式。精益采购模式下的供应商管理应该是双赢合作式的，即企业与供应商之间建立相互信任、相互协作的关系。双赢式的供应商管理模式也是准时采购的要求，只有与供应商建立长期稳定的合作机制，双方形成长期的战略联盟，准时化采购才能取得预期效果。双赢式的供应商管理模式在保证材料质量的基础上，还可以减少材料购进时不必要的检查活动。

4.2.4 精益施工管理

施工阶段是将设计阶段的图纸转化为实物的过程，也是将业主需求转化为实体的过程，同时也是工程项目最核心的部分。施工阶段是一个复杂的过程，涉及众多影响因素，浪费现象多发生于该阶段，是实施精益建造的重点阶段。精益施工的第一步是利用价值工程理论和流程管理思想对项目施工过程进行分析，将施工过程中的活动分为增值活动和非增值活动，浪费现象一般存在于非增值活动中。

牛占文（2011）等人认为生产现场精益化和生产组织精益化是精益建造管理的重要内容，他将生产现场精益化管理影响因素提炼为现场标准作业规范完整并可以严格执行标准化作业，6S现场管理可以严格贯彻实施，安灯、布告板等目视化管理技术可以得到充分使用，积极应用颜色管理；将生产组织精益化影响因子提炼为以订单拉动生产，采用平均化生产方式，应用柔性生产模具，以小批量生产为主。陈礼靖（2015）等人认为全面质量管理体系、消除浪费能力、拉动施工能力和成本节约能力是精益施工能力的重要体现，拉动式建造是组织精益施工的重要原理和手段，也是企业适应市场需求、节约成本、提高工程质量的关键因素。李瑞进（2006）认为标准化管理是项目适应柔性施工和虚拟施工的重要前提和基础，也是建筑工业化发展的必然趋势。精益管理要求准确识别浪费的源头，不断减少不为产品创造价值的非增值活动。标准化管理包含管理程序标准化、管理内容标准化、施工作业标准化。在“双碳”目标约束下，精益施工管理要突出绿色施工活动。在数字化转型的大趋势下，智能化建造也是精益施工管理不可或缺的组成部分。精益管理还要求不断地对工作流程进行改善，持续完善自身。

精益施工能力表现为现场可视化管理能力、拉动式施工能力、浪费识别能力。标准化管理能力、绿色施工能力、智能施工能力、持续改善能力。

1. 现场可视化管理

可视化管理就是通过在施工现场设置一些直观、清晰的标识，使进入现场的相关人员可以快速了解工程项目相关信息，包括项目概况、人员组织、施工组织方案、项目进展动态等，可以使施工作业人员快速理解施工工序、工艺要求等信息。看板管理是施工现场实现可视化管理的主要技术手段，也是精益建造关键技术。

2. 拉动式施工

拉动是相对推动而言的，拉动式施工来源于制造业的拉动式生产，即以顾客的最终目标为导向，上游工序根据下游工序提出的要求来生产。拉动式施工即根据后一道施工工序对前一道工序提出要求进行施工，以此来拉动建筑生产过程。拉动式施工在制定计划时要求一线管理人员也要参与其中，这样可以保证制定计划时全面考虑影响项目施工的因素，同时也打破了施工现场管理人员之间的信息壁垒，保证工序间信息流的通畅。

3. 浪费识别

在精益生产过程中浪费被分为八大部分：库存的浪费、搬运的浪费、加工的浪费、加工过多过早的浪费、动作的浪费、管理的浪费、等待的浪费、品质的浪费。消除浪费可以让客户、公司和员工都受益。对于客户而言，可以满足产品所有的预期；对于公司，可以减少成本，提高质量，提高操作柔性，提高声誉；对于员工，工作环境更安全，容易操作，一致的工作节拍，增强对工作区域和工作质量的荣誉感。

4. 标准化管理

标准是指为对某种活动制定的可以供共同或重复使用的一系列规则。标准化管理即对于管理工作的内容和程序制定统一标准，并在管理过程中执行这些标准规则。标准化管理可以简化管理流程、规范管理秩序，使项目效果达到最优化。建设工程项目标准化管理即为项目建设过程中的进度、成本、质量、安全生产、文明施工、沟通、协调、信息化等要素制定统一的规则，并在实施过程执行这些规则。工程项目管理过程实施标准化管理可以有效减少施工过程中常见共性问题的发生。

5. 绿色施工

绿色施工是为全社会提供绿色建筑产品的关键环节。绿色施工是在工程建设中，在保证质量、安全等基本要求的前提下，通过科学管理和技术进步，最大限度地节约资源与减少对环境负面影响的施工活动。绿色施工的内容包括节约能源、节约材料、节约水源、节约土地、节约劳动力、保护生态环境。在施工现场建立绿色低碳管理体系，逐步实现建筑垃圾的零排放。

6. 智能建造

借助于BIM、云计算、大数据、物联网、移动设备、人工智能、区块链、5G等新一代信息技术，结合先进的施工技术和材料技术，建立数字化工程项目管理平台，依靠数据驱动，加强各相关方主体以及全过程、全要素的协同，推行智慧工地管理新模式，提升监控手段，实现施工过程的在线化、数字化、智能化，提高工程项目管理效率。

7. 持续改善

持续改善是指对管理活动、管理要素以及管理人员等不断发现问题、改进问题的循环过程。持续改善是一个逐步进行的稳定的过程，在维护现有状态的同时做进一步的改进，同时还要求全员积极参与其中。持续改善想要取得成功，必须与全面质量管理系统、全员生产维修、准时生产体制和合理化建议等系统相结合。

4.2.5 精益交付管理

1. 精益交付管理的内容

竣工交付是指工程项目按照合同要求完成项目建设，满足竣工验收条件，经验收合格，交付业主使用。精益交付能力是指工程项目竣工交付时各项目标的实现情况，业主满意程度，如工程项目费用、工期、进度以及安全等目标的实现情况。质量、成本、工期是工程项目管理的三大主要目标，也是工程项目在竣工交付时的主要考察对象。

通常，工程项目的质量、成本、工期、安全目标之间是对立统一的关系，各个目标之间相互联系、相互制约、相互作用。精益建造模式通过协调各方资源，要求实现成本、质量、工期、安全之间的最佳组合模式。此外建筑业安全事故的频频发生，为国家和人民造成了不可挽回的损失，如今，无论是建设方还是施工方，都将安全作为一大重要管理目标来执行。因此，安全目标的满意度也是项目交付时的主要考察对象。

2. 精益交付管理的核心能力

精益交付能力分为精益质量目标满意度、精益成本目标满意度、精益工期目标满意度、精益安全目标满意度。

（1）精益质量目标

质量是工程项目管理的重要内容，质量的好坏直接关系着居民的人身和财产安全，建筑企业往往为了节约成本而忽视建筑产品的质量，但是这样做的结果并没有为项目节约成本，反而增加了项目的成本。由于质量不过关，无法通过建设单位和监理单位的检查，经常需要返修，不仅增加了成本，还拖延了工期。传统建造模式认为质量与成本是相互矛盾、相互对立的关系，质量的提升必然带来成本的增加。精益建造模式下的质量目标满意度是指在建设生产过程中，追求产品质量的精益化，强调以最少的投入和最小的质量失败成本达到最高的质量水平（质量、效率、成本的综合改善）。

（2）精益成本目标

精益建造模式下的项目的成功交付应该是确保项目的成本最少，而不是利润最大。精益交付可以使我们正确认识成本与其他目标之间的依存关系，从而实现成本与质量、工期、安全等目标的最佳组合，以最少的投入获得最大的经济效益、社会效益。

（3）精益工期目标

工期目标是业主最为关注的，且工程项目的工期与其他目标之间有紧密关系。缩短工期将带来劳动力、周转材料、施工机具投入量相应增加，而项目管理人员工资、差旅费等管理费支出减少；而工期的增加势必会带来人力、物力和财力等长时间的投入，导致项目成本增加。项目中存在着许多不确定因素和不可预见因素，它们都会影响工期与其他目标之间的关系。精益建造管理通过采用精益建造技术可以协调工期与其他目标之间的关系，实现工期与其他目标之间的最优模式。

（4）精益安全目标

建筑生产是一个劳动力集中、交叉作业和露天高空作业多的繁杂过程，安全事故的频频发生不仅造成了大量的人员伤亡和财产损失，而且还给企业和国家带来了巨大的负面影响。精益建造认为施工过程的安全隐患往往隐藏于施工过程的非增值活动中。因此在项目实施过程中需要尽早识别增值活动和非增值活动，尽可能发现安全隐患，制定防患措施。

4.3 基于精益建造的施工管理

在精益建造管理体系中，施工管理处于中坚环节。工程项目前期策划和工程设计所形成的蓝图将在施工过程变为现实，工程建设的一系列目标也将在施工阶段达成。因此，在施工阶段，围绕项目目标的精益管理是精益建造管理体系的重要组成部分。

4.3.1 快速建造施工进度管理

1. 精益建造进度管理的基本要求

随着房地产开发商对建筑产品质量、成本和个性化设计要求越来越高，建筑产品的设计周期越来越短，房地产开发商为了赢得市场竞争的有利地位，就迫切需要解决缩短工期、提高设计和施工的柔性问题，进而达到缩短工期目的。

并行工程是将设计与施工进行整合，使工程项目设计与施工的参与成员集合在一起为一个共同目标努力工作，其好处为：一方面，设计者与施工者早期均能进入创造项目的氛围，相互支持，共同为实现项目目标服务，共同协调解决棘手问题，对项目早期寿命期中可能出现的变革作出事先反应；另一方面，能够将设计与施工的信息集合，共享最终成果，减少管理环节，降低交易成本，提高建设项目的可建造性和可更新改造性。采用并行工程，可以大大缩短新项目的开发过程，大幅度地缩短设计及设计变更时间、施工前准备时间、施工及销售等开发时间，降低新项目全寿命期中的总成本。并行工程的思想可用于建筑业缩短工程项目开发建造工期、提高建造质量，是一个系统的整合模式。

另外，为了缩短工程项目各工序、各分项工程的转换时间，还需要确立精益建造的另一核心思想，就是要尽量使各分项工程之间的转换时间接近于零。在工程项目精益建造过程中，实现设计与施工的整合及缩短工程项目各工序、各分项工程的转换时间，可以大大提高建造效率，缩短建造工期，降低建造成本，同时更好满足顾客需求，提供个性化设计，是精益建筑的发展趋势。

2. 快速建造的理论与实践应用

建筑业作为国民经济的支柱产业，一直以来在社会发展中都发挥着巨大的作用，然而建筑活动，特别是住宅建筑的营造，对于资源能源的过度消耗不得不引起我们的高度重视，人类赖以生存的生态环境已经遭到越来越严重的破坏；与此同时，伴随社会的进步，人类的生活方式正在发生着日新月异的变化，越来越多的人希望自己能够获得更好的居住品质，拥有舒适的居住环境。随着国内对于建筑实体质量、工期成本要求越来越高，原有粗放型的传统建筑生产已越来越满足不了国内的需求。无论是国家倡导的节能环保的集约式生产，还是为了提升建筑本身品质，建筑的设计与建造必须从观念和技术上予以革新。目前我国的建筑业已经到了转型与升级的关键时期，工业化的建筑建造模式已然成为新的发展方向。新型的工业化建筑建造方式不仅是生产力与生产方式上的进步，也是人类所倡导的绿色营建技术的体现，更是建筑业实现可持续发展的重要手段。由许多建筑企业在实践中创造的快速建造体系正在促进我国建筑产业现代化进程的进一步发展。

以房屋建筑工程为例，需要在工程建设过程中运用并行工程和工序穿插原理，进行快速建造施工进度管理。

（1）快速建造体系的特点

快速建造体系的特点如表4–2所示。

快速建造体系的特点　表4-2

序号	特点	描述
1	工期缩短	在传统的施工工艺上，快速建造体系合理调整分项工程开始时间，加快前一道工序工作面移交，使各项工序并联或提前串联施工，其充分利用了各工序的时间差、空间资源，强化了工序交接和成品保护，同时优化工序，缩短穿插时间；做好工序交接，减少工序拥堵，从而达到缩短工期的目的
2	成本节约	快速建造体系，是在传统的施工工艺上，通过改进施工工艺及施工材料、合理穿插施工工序，实现“人、材、机、料、法、环”各方面性价比最高，节省成本并快速制造效益的建造工法
3	节能环保	快速建造体系施工技术相比传统建造工艺工程具有质量更好、消耗材料更少、建造更节能环保的特点
4	标化管理	制定各楼栋的快速建造体系标准管理方法，将主体分成主体、铝窗、栏杆、爆点关闭和清理吊洞、砌体、顶缝、预制墙板、水电开槽预埋、薄抹灰、卫生间蓄水、防水等多项关键工序，以及精装修多道工艺流程分解，关键线路工序与主体结构工期等同，标准化管理使得现场管理者更加高效地管理项目
5	适用广泛	适用于标准层26层以上的高层以及超高层且精装交付的住宅和公寓单体建筑

（2）快速建造体系的难点

快速建造体系由于施工周期短质量要求高，前期必须做好充分施工策划及准备，才能保证各工序有序进行，达到预期的质量、工期目标。快速建造施工体系难点如表4-3所示。

快速建造体系的难点　　表4-3

序号	难点	描述	对应解决措施
1	总承包管理	涉及专业分包多，如何做好对分包的管理是项目重点	所有分包纳入总包管理范围，由总包对其进度、质量和安全文明施工要求进行交底，做到管理无死角
2	场地合理布置	由于工序的穿插，避免因各工序同时施工造成拥堵窝工，合理的总平面布置是施工控制的重点，临时道路、材料堆放场地、机械设备布置，在材料、设备、场地的合理布置确保各工序顺利进行	使用BIM技术对于现场空间场地进行合理布置
3	工作面移交	为确保工序顺利进行，工作面移交是关键。提供可靠操作面是快速建造技术的保障	适应进度计划，制度工序移交单，严格执行移交单上的节点
4	楼层截水	采用全穿插施工包括：上部进行结构施工，中间层进行砌体、装修、机电安装等工序，作业面环境要求不一	采用楼层截水、干湿分离技术，确保中间工序能够顺利穿插施工
5	图纸深化时间短、多分包图纸杂乱	合理准确的深化设计，确保主体结构的施工顺利进行，为其他工序的提前插入提供了前提条件。但在深化图纸过程中，既要考虑深化图纸与五大专业图纸（建筑、结构、水、电、暖）与精装修图纸定位是有机结合，还要考虑要在较短的时间内完成图纸深化合理性，要求后期无设计变更，各专业图纸设计要配套全穿插施工工艺。这无疑是一项重大的考验	对外墙、局部小墙项目前期必须做好各专业图纸审图工作，发现问题及时提出修正，在桩基施工完成前全套施工图得到确认，并使用BIM技术加以检查。在后续施工过程中避免因图纸问题造成返工延误等问题
6	结构面抹灰控制难度大	要达到结构免抹灰模板施工需达到垂3平3，混凝土结构需达到垂4平4阴阳角4，落实数据上墙制度，这对于结构面质量的控制难度很大	选择合理的铝合金模板加固技术、落实精细化管控措施
7	填充墙与主体结构交接处开裂	填充体系与主体结构体系受力体系不相同，在其交接处易产生裂纹	采用结构拉缝技术
8	打造施工过程中的安全、绿色、节能、环保、创新	国家提出节能环保政策，人民对于住宅品质的要求越来越高。安全、绿色、环保是施工中的重点也是难点	采用、自爬式钢外架、PVC墙纸技术、PC构件技术、整体卫浴技术以及高压水枪拉毛技术

（3）全穿插快速建造施工技术

为实现房屋快速建造施工，全穿插施工技术是主线，作为项目加快工期、提高工作效率的主要施工方法。全穿插施工规范了施工管理流程、标准化了施工生产管理、改变了传统施工方法和评价体系。一般情况下，房建工程的穿插施工主要有：①外墙全穿插施工；②室内工程全穿插施工；③室外工程全穿插施工；④机电装修工程全穿插施工。

（4）全穿插施工与总包商管理协同

1）快速建造快速度、高品质、低成本的开发模式，对项目的推进要求非常高。快速建造的核心是过程有序穿插，而穿插实现的基础是各分包、材料供应商、设备商按照进度的节点要求、质量要求、安全要求、环保要求如期进场，如期退场，按规定施工，一步到位。

2）全穿插施工要求项目各方严格把控施工质量，一次成优，降低返工，给全穿插提供坚实的基础。

3）全穿插施工要重视对合同的管理，各分项工程及时插入是全穿插开展的必要条件，作业分包招定标时间需严格把控。

4）全穿插施工要重视对移交节点的管理。全穿插施工的初衷是缩短业主建设开发和资金回收周期，故对建筑开发各个移交节点要保持高度关注，尤其重视业主售楼节点、样板房、展示区、看楼通道、业主开放日等，同时不得降低业主特殊要求。更应关注地下室与业主看楼通道关系，影响地下室交楼时间。

4.3.2 多元约束精益成本管理

成本管理是施工项目管理的重要内容。在经济全球化和竞争激烈的市场经济大背景下，利润最大化的成本管理思想已经不能满足建筑企业的发展壮大。而以浪费最小化和顾客价值最大化为目标的精益成本管理模式越来越受到企业青睐。

目前，精益成本管理模式倾向于工程项目全寿命期内满足质量和工期要求前提下的成本最低。但是工程项目成本的高低还受到项目安全、环境保护、技术创新等目标的约束，因此，仅重视质量和工期对成本影响的成本管理模式不能保证项目成本的最优。

1. 多目标对工程项目成本的影响

工程项目无论规模大小，何种类型，都具有多个目标。质量、工期、成本、安全、环境保护、技术创新构成现代工程项目的目标体系。由于项目目标之间相互联系、相互制约、相互作用，使得项目成本目标受到其他几个目标的影响。多目标约束下的精益成本管理就是重点考虑工程项目质量目标、工期目标、安全目标、环境保护目标和技术创新目标等对成本的影响，采用一定技术手段减少这些目标对成本的影响，实现质量、工期、安全、环境保护、技术创新与成本的最佳组合模式。

（1）质量目标对成本的影响

质量是工程项目管理的重要内容，建筑企业往往为了节约成本而忽视质量，造成建筑产品质量不过关，从而产生了质量差、成本高的现象，使施工企业处于得不偿失的局面。传统成本管理认为质量与成本是相互矛盾、相互对立的关系，质量的提升必然带来成本的增加，而精益成本管理可以使我们正确认识质量与成本的依存关系，从而实现质量最优、质量成本最佳，以最少的质量消耗获得最大的经济效益和社会效益。

（2）工期目标对成本的影响

工程项目的工期与成本之间有紧密关系，工期的长短及工期安排影响着工程的最终成本。缩短工期将带来劳动力、周转材料、施工机具投入量相应增加，而项目管理人员工资、差旅费等管理费支出减少；而工期的增加势必会带来人力、物力和财力等长时间的投入，导致项目成本增加。传统建造模式认为工期与成本存在单调递减关系，但是实际项目中存在的许多不确定因素和不可预见因素都会影响工期与成本的关系。精益成本管理通过采用精益建造技术，协调工期与成本之间的关系，达成工期最短、成本最少的最优模式。

（3）安全目标对成本的影响

由于建筑生产具有一次性、复杂性、露天高空作业多、劳动力密集的特点，安全事故频繁发生，不仅造成了大量的人员伤亡、经济损失，而且还给企业和国家带来了巨大的难于估算的负面影响。为了保证建筑工程的安全生产，需要对从业人员进行安全教育与培训，构筑相应的安全工程及设施条件，配备相应的劳动保护设备，提高现场的安全管理水平，以及按照国家有关法律法规的规定购买相关的保险，这些活动都会对项目成本造成影响。同时由于企业安全保障工作不到位造成的安全事故不仅会造成人员伤亡，进而导致成本的增加，还会对企业和社会造成间接经济损失。精益成本管理旨在利用有限的经济资源，有效提高建筑安全水平。

（4）保护目标对成本的影响

工程的建设和营运是一把双刃剑，在产生巨大的经济效益、社会效益的同时，其对周边环境也产生着持久而不可逆的影响，尤其是道路交通工程，因此，工程建设过程中需要采取一定的措施来减少、补偿工程对生态环境造成的影响和损失。建筑企业对环境保护投入不足会影响保护环境目标的实现，而投入过多又会给项目支出带来压力，增加项目成本。精益成本管理要求在项目前期的决策设计阶段考虑环境因素，采用绿色无污染或者是污染较少的材料、节能施工工艺、环保措施和施工方案，力求以最少成本投入实现环境的最大限度保护。

（5）技术目标对成本的影响

科学技术是第一生产力。技术的创新为组织的战略实施、过程管理提供必要的支撑和保障，帮助企业占领市场、提升企业竞争力。新技术的投入短期内会增加项目成本，从长远利益来看可以间接降低成本。但是技术的投入也不是无限制的，技术引进缓慢或冒进都会使总成本上升，技术投入过多得不偿失，也会增加总成本。精益成本管理遵循先进合理的原则，从实际出发，在一定限度内引进新技术。

2. 多元约束的精益成本管理特征

多元目标约束下的精益成本管理是指以精益思想为指导，面向工程项目全寿命期，以精益建造方法为技术基础，围绕工程项目的质量目标、工期目标、安全目标、环境保护目标、技术创新目标对成本的影响，进行预测、计划、控制、核算和考核等一系列活动的总称。与传统建造模式下的成本管理相比，多目标约束下的精益成本管理具有以下五个特征。

（1）成本管理目标的全局性

多目标约束下的精益成本管理的目标与企业战略目标具有一致性，不仅是项目成本的最低化，还要为顾客创造价值。精益建造理论认为价值是由最终客户决定的，因此在项目一开始让顾客参与项目的设计，充分考虑顾客的意愿，使最终建造的项目满足顾客的需求。只有顾客认可了，项目的价值才能实现，成本才可能回收。

（2）多主体参与成本管理

多目标约束下的精益成本管理不仅要求项目部的每一位成员参与项目成本管理，与项目建设相关的所有单位（建设单位、设计单位、监理单位、总承包商、分包商、供应商及其他单位）也应该参与进来，这些参与单位组成一个跨功能团队，一起致力于成本控制活动，分别承担不同的工作任务，各参与方之间通过建立公平、公正、公开的合同管理制度和激励机制，以达到多方共赢和全寿命期成本最低的目标。

（3）多目标集成管理

传统成本管理将项目的质量、工期、安全、环境保护、技术创新等目标与成本割裂开来，认为这些目标与成本之间是相互矛盾、相互独立的关系。多目标约束下的精益成本管理把项目的质量、工期、安全、环境保护和技术创新等目标与项目成本集成，以达到各个目标最佳、成本最低的效果。这也是多目标约束下精益成本管理的最大特征。

（4）面向工程项目全寿命期

多目标约束下的精益成本管理从项目的决策、设计、施工、竣工交付、运营维护一直到报废的整个全寿命期过程来考虑成本问题，并将各阶段进行有效的集成，综合考虑全寿命期内各个目标与成本之间的关系。同时，运用精益思想在各个环节减少无价值活动和消除浪费，以实现项目全寿命期成本最小化和最大限度地满足客户需求的目标。

（5）以精益建造方法为技术基础

多目标约束下的精益成本管理的实现得益于精益建造辅助技术的实施。国内外学者通过对精益思想和制造业精益生产的研究，结合建筑产品特征和建筑行业生产特点提出了一系列适合建筑业精益成本管理的方法。精益成本管理辅助技术主要有准时采购，准时施工，最后计划者，看板管理，6S现场管理，标准化作业操作流程，模块化建设方法，设备保全法。

3. 目标成本管理

目标成本管理和全寿命期成本管理是精益建造思想下设计阶段主要的成本控制方法，在施工阶段主要是作业成本法和操作控制，在这个价值流生产过程上主要是供应链成本管理。

目标成本管理主要用在规划和设计阶段，其目标是在最早的可能阶段消除成本和增加价值。目标成本管理的主要内容为：

第一，确定目标成本。目标成本管理是以目标成本为最终目的，目标成本是目标成本管理的关键因素。目标成本可以通过对顾客和市场调研，在项目规划与设计阶段确定（图4–2）。目标成本是为实现目标利润必须达到的成本目标值，而不管成本是否能被当前的生产实践所支持。

第二，分解目标成本和传递目标成本压力。为达成目标成本，我们必须对设定的目标成本进行分解。目标成本的分解方式大致上可以分为以物为分解对象与以人为分解对象两种。按物分解又包括按功能分解、按构造分解、按成本要素分解。按人分解则包括按团队、小组或个人分解。分解的过程也是传递压力的过程，通过分解，将成本压力传递到班组个人甚至供应商身上，为成本的降低争取更大的空间。

第三，目标成本的达成。目标成本分解后，即可以采用某些有效的手段来达成目标成本。这个目标成本的达成过程可以从两个途径实现：一个是成本规划和设计阶段的成本挤压，可以采用价值工程来实现；另一个是在生产过程中的成本控制，

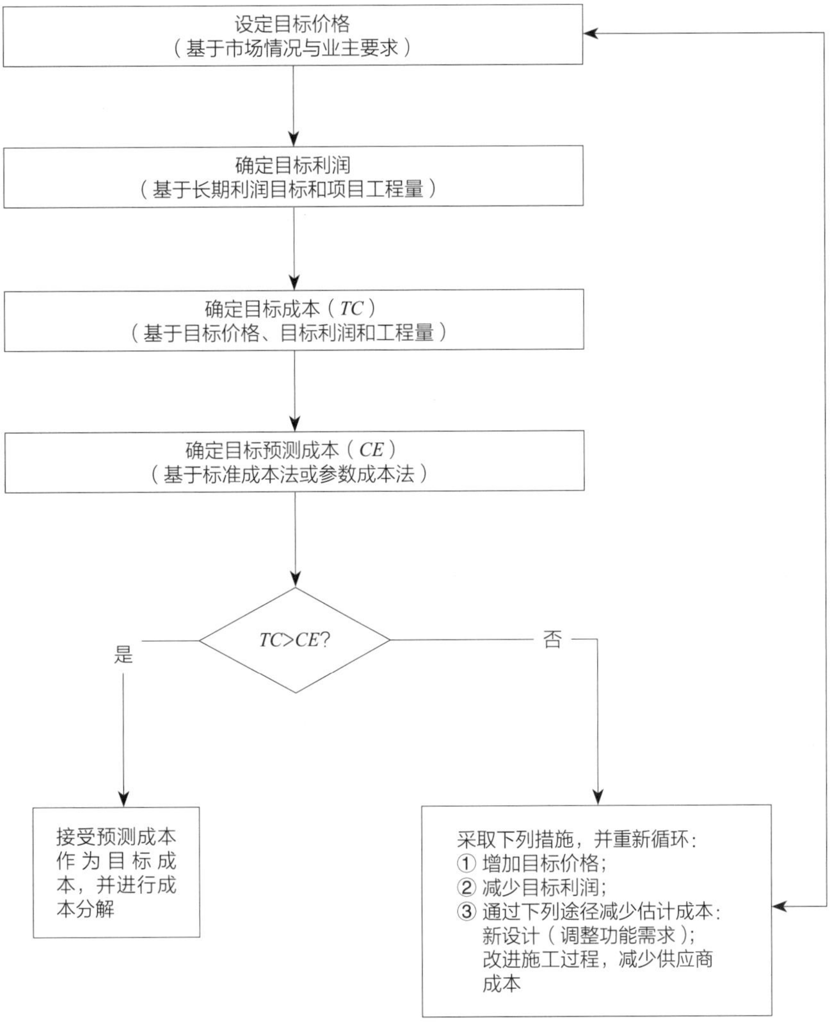

图4-2　确定目标成本流程

可以通过改进成本法来实现。改进成本法就是将确定的成本目标，进一步具体分解落实到各有关生产经营单位，直至生产经营第一线的具体执行人员，促进他们在日常的生产经营工作中，不断挖掘进一步降低成本的潜力，使整个生产经营处于不断改进的状态中，以保证生产经营各个环节成本目标的顺利和超额实现。

在竞争日益激烈的市场环境中，目标成本管理能够以一个低却仍有赢利的价格确保顾客需求，倍受理论界推崇和青睐，并在精益企业中有着广泛运用。在精益建造中运用目标成本管理可以带来以下好处：

（1）目标成本管理定位于“顾客满意”这一基点上，以目标市场价格反推目标成本，明确表明成本管理的目的在于增强顾客价值；

（2）提倡合作的工作方式，如成本目标的确定需要设计人员、施工人员、供应商等一起合作达成权衡，注重参与者的合作协调，所有的参与者都可以清晰地看见共同的目标；

（3）目标成本管理通过保护目标利润而减少风险，致力于成本持续改进、成本节约和浪费消除，有潜力产生更大的利润，因而与精益建造最为适应。

4. 全寿命期成本管理

精益建造必须在建筑产品的设计、建造和维护的前后联系上理解和应用，以全寿命期的可承受性和最好的价值传递给顾客。精益建造的成本管理方法也应该考虑建筑产品全寿命期的成本。

建筑产品全寿命期成本是与建筑产品整个寿命期相关的所有成本，包括前期策划、设计、采购、建造、运营及维护、报废等。建筑产品全寿命期成本就是建筑产品的寿命期成本加上业主承担的建造后成本，包括运转、支持、维修和处置。由于业主在建造后承担的成本可能占全寿命期成本的很大份额，并成为建造决策所考虑的重要因素，因此，全寿命期成本成为成本管理的一个重点。采用全寿命期成本管理主要解决以下两方面的问题：①对项目实施全寿命期的专业化管理，以避免传统管理模式下，项目全寿命期中的不同阶段被分割开来，不同的单位负责不同阶段的成本管理工作，造成了成本信息片面、失真及成本管理的低效率、不专业的局面。②将项目的营运真正纳入项目的寿命期，强调项目建设对项目营运的影响，以及项目营运对项目建设的导向作用。

全寿命期成本管理支持精益建造的关键优势在于，它可以确定项目在全寿命周期的最大成本，为管理者提供项目使用前后的成本和财务暗示，因此，最具有成本减少的潜力。

然而，全寿命期成本管理在实际运用中面对的最大挑战是数据收集和数据一致。信息来自不同的渠道，导致数据不一致或格式不同，因此，在实际上这些信息是不精确的，而且成本数据的获取很困难。此外，全寿命期成本管理对后阶段的成本和资金预测不准确。这是因为其主要依据历史成本数据进行未来的成本预测，基础不够坚实，而且成本数据需要通过学习和持续改进活动调整才能得到提高。

5. 生产管理控制成本

精益建造是基于生产管理思想的一种施工管理模式，其中有很多先进的管理技术和方法都可以加强成本管理，例如拉式生产、6S现场管理技术、标准化工作、停止生产线、可视化管理等。这些生产管理措施看起来与成本管理无关，但是这些行为都在一定程度上支持成本管理。只要这些行为的目标达到了，成本自然就会减少。常见的生产管理的工具与技术分析如下：

（1）拉式生产

拉式生产是指后续单元根据所需的数量和品种从其紧挨前单元提取相应品种和数量的在制品（或原材料）的生产方式。由于各工序的生产指令完全依据后续工序的需要而定，按照所需的量生产所需的零件和产品，从而大大降低了在制品和成品库存，减少流动资金积压，降低成本。此外，根据拉动的原则，按下游需求进行生产，保持工作流的稳定性，对于减少成本控制过程的突发因素也有着重要意义。

（2）6S现场管理技术

6S现场管理技术是使用一些常识性的、低成本的方法加强现场管理，包括整理、整顿、清扫、清洁、素养、安全。6S通过规范现场及工具设施，使所有的生产要素均处于受控状态，营造一目了然的工作环境，可以提高效率，减少浪费，降低成本，消除安全隐患。

（3）标准化工作

标准化工作是对所需完成的工作制定行为标准，即可以完成的最好方式，是操作者的行为规范、管理工作的依据。标准化工作可以将最好的实践积累下来，使现有工作更加科学、更加完善、更加合理，并有助于保持稳定的工作流，促进持续改进。精益建造中的First Run Study（首次运行学习）就是一种对操作进行设计和计划的标准化工具。

（4）停止生产线

停止生产线是指在生产过程中，为了控制不良品流入下道工序，让工人有权停止生产，对不合格品进行处理。其实质是对现场工人授权，由于现场工人是直接的生产者，这样做可以调动现场工人参与成本管理的积极性，在成本发生的早期阶段消除成本。

（5）可视化管理

可视化管理是利用形象直观色彩适宜的各种视觉感知信息来组织现场生产活动，以达到提高劳动生产率为目的的一种管理方式。可视化管理不仅是让管理者，而且要让所有员工对所有的过程都一目了然，提高信息的透明度，有利于所有的参与者发现问题和提出好的改进措施，从而促进成本降低和节约。

此外，承包商还可以根据工程预算用量和进度情况，采用准时制的原则订购及使用直接材料，将领料单当成“看板”使用。这样不仅可以减少材料堆放时的不必要的损耗，提高材料的利用率，加强对材料使用量的控制；而且可以大大减少二次搬运费，减少工料看管的管理费用，以及减少资金的占用。

6. 供应链成本管理

由于外购或外包成本占建设项目成本的很大比例，项目的各个参与方在本组织内部实施精益管理所影响的成本数量是有限的，因此，成本管理活动必须突破单个企业的界限延伸到整个供应链，通过管理整个供应链成本来挖掘成本减少的潜力。供应链成本管理的目的就是在供应链的各个环节中不断地消除浪费，降低供应链成本，提高供应链效率，最大限度地满足客户个性化、多样化的需求，追求整个供应链的成本最优。

供应链成本管理需要将成本管理的方法拓展到整个供应链，常用的成本管理方法主要有供应链作业成本管理和供应链目标成本管理。

（1）识别供应链成本，寻找成本减少的机会

传统的供应链中存在很多的重复建设和无效率，在供应链的各个环节中也存在很多浪费，需要对其进行识别和消除，作业成本法可以帮助识别它们。

把采购成本分配给供应商目的在于提示管理者应该基于总成本，而不是最初的购买价格来选择供应商。这样做不仅可以使管理者知道在材料的采购中，是否存在有质量问题、不可靠性或差的运输等问题，并且可以用于提高供应商的行为。一旦识别出供应商成本，就可以把这个成本分配给产品。此时，如果产品需要使用大量的特殊构件，其必须依赖于特定的供应商，则认为这种产品的成本比使用标准构件的产品要贵。这就有利于鼓励设计者去调查选择标准构件，以及追求面向施工方法的设计。

（2）加强供应链上各组织的合作，推动供应链成本减少

供应链成本管理除了通过消除浪费和减少交易成本的方法减少成本外，还可以通过加强供应链上所有组织的合作来获得实质的成本改进。例如，当采购直接材料如水泥、砂、石等时，如果承包商和材料供应商建立了良好的合作关系，材料可以在规定的时间以规定的数量、质量及时运送到规定的地方，一方面，可以节约订货费用、库存费用，而且材料质量得到了保障，在一定程度上降低了因为质量不合格而引起的成本增加；另一方面，与供应商的良好沟通保证了原材料的准时到达，还可以使施工生产正常进行，保证了工期，避免了潜在的延期成本。

可见，加强组织间的合作对于成本减少很有潜力，这时成本减少的压力沿整个供应链传递给每个组织，而不仅只是消除成本。通常应该采取以下措施来推动供应

链成本的减少：

1）与关键承包商/供应商建立长期的合作关系；

2）让关键承包商/供应商参加目标成本的制定，使供应链上的所有组织都保持一个足够的收益率；

3）让关键承包商/供应商早期介入设计，减少日后重新设计的概率；

4）加强业主、承包商/供应商在施工阶段的成本改进活动；

5）提高供应链中各组织之间的交互活动或过程的效率和效益，减少交易成本、不确定性和存货率。

在精益建造应用中，供应链管理一直被作为实现精益建造的一个重要的技术，精益建造也需要借助供应链成本管理来加强对整个供应链的成本管理。在精益建造成本管理中应用供应链成本管理的目的主要为：

1）识别和消除供应链中的浪费，降低供应链成本，提高供应链效率；

2）加强供应链上所有企业的合作，避免一些成本的发生，实现整条供应链的成本最优；

3）提供对支持供应链管理企业的明确补偿比例，通过对这些企业的补偿来鼓励供应链上各个组织降低成本的积极性，以营造一个长期的、稳定的合作关系。

4.3.3 一次成优精益质量管理

精益建造理念被引入工程质量管理过程的实践成果就是提出“一次成优”的精益质量管理思想和操作原则。

1. 一次成优的质量管理过程

“策划先行、样板引路、过程管控、一次成优”是从实践中总结出来的管理理念和成功做法。

（1）前期策划是一次成优的前提条件。

当合同签订后，总承包方就要根据工程特点、难点、图纸、技术文件进行综合思考、全面策划。

（2）综合规划、方案优化是一次成优的工作基础。

在施工前，编制详细的创优方案，对各分部分项工程制订施工方案，优化方案并进行交底。应当将BIM技术应用于整个工程建设过程，避免各专业由于前期考虑不到位产生“碰撞”等情况造成后期返工，同时BIM技术对管线综合排布、专业机房安装、空间的利用等都有很大帮助。

（3）样板引路、做实细部是一次成优的关键环节。

地基与基础工程、主体结构工程中，应针对工程结构形式、部位节点、施工难度等进行施工方面的策划。

装饰工程中，要对分项工程进行二次深化设计，力求简朴精良、美观大方。

设备管道安装工程施工前，为做到安装工程艺术化，需提前对照明灯具、风口、消防探点位置等进行综合考虑，同时综合各种管道、线槽布置走向，支架及吊杆等的安装位置，对称设计，规律性安排。具体应做到以下几点：

1）对于管道、风管、桥架等及其支架安装，要严格落实“样板先行”制度，样板验收合格后，方可大面积开展施工，力争一次成优，杜绝返工；

2）对于各细部的施工，如弯头支墩、压力表温度计的安装、阀门及软连接、螺栓安装、穿墙及楼板的套管做法等，也应按要求进行样板引路，保证其实用美观；

3）针对地库、过道走廊、屋面等大空间的部位，要进行优化设计与排布，达到经济、美观的效果；

4）针对各类专业机房及配电室应做好前期策划，合理布置设备与管线，减少占用空间，便于后期操作。

（4）传承创新、过程管控是一次成优的技术支撑。

在施工过程中，要结合工程实际情况，勇于创新，并借鉴同类工程的优秀做法，将新技术或者新工艺应用在工程中，打造属于本工程的亮点。

同时，施工中应对创优否决项进行重点控制。现在工程中普遍存在建设单位将某些工程项目直接分包，为达到对分包工程质量的有效控制，必须加强与建设单位和分包方的有效沟通，如地基处理、室外玻璃石材幕墙、室外消防楼梯、网架、室内二次装潢及地下室的装修等。如果对分包工程缺乏管理，一次成优将成为空谈。要加强过程管控和严格总包管理，按细化质量措施进行管控，最后严格按验收制度进行验收，验收合格后方可进行下道工序。

在施工过程中，制订工程验收管控计划，并严格落实，每周组织各参建单位的管理人员进行联合质量排查，形成排查记录，定人、定时间对排查出的质量问题进行整改，在下周就排查整改情况向公司质量监控中心汇报，长此以往，周而复始，不仅及时地消除了质量问题，也提高了参建各方管理人员的质量管理意识，达到了一次成优的目的。

2. 精益质量控制流程

在施工准备阶段，项目管理层进行质量管理的工作重点是对施工方案和总进度计划认真审核，分析并评估施工方案对施工质量的影响，预防由于施工方案和进度计划安排不合理造成的过程性质量缺陷，例如由于施工顺序不合理造成的后面工作对前面工作成果的污染和破坏等。

在施工阶段，采用最后计划者体系计划技术编制质量控制计划，通过“拉”式流程把质量计划的范围缩小，并提高其准确性，使现场建筑工人能够主动地关注质量控制，并且清楚地知道质量控制的标准和达到要求应采取的措施。

为了改进和提高未来质量控制计划水平，要求现场操作工人及时反馈需要修补的质量缺陷的信息，现场管理人员将有关质量缺陷的相关信息经过加工处理后，通过平台系统存储到质量信息数据库，以便更新下一阶段的质量计划时参考。精益建造质量控制流程如图4–3所示。

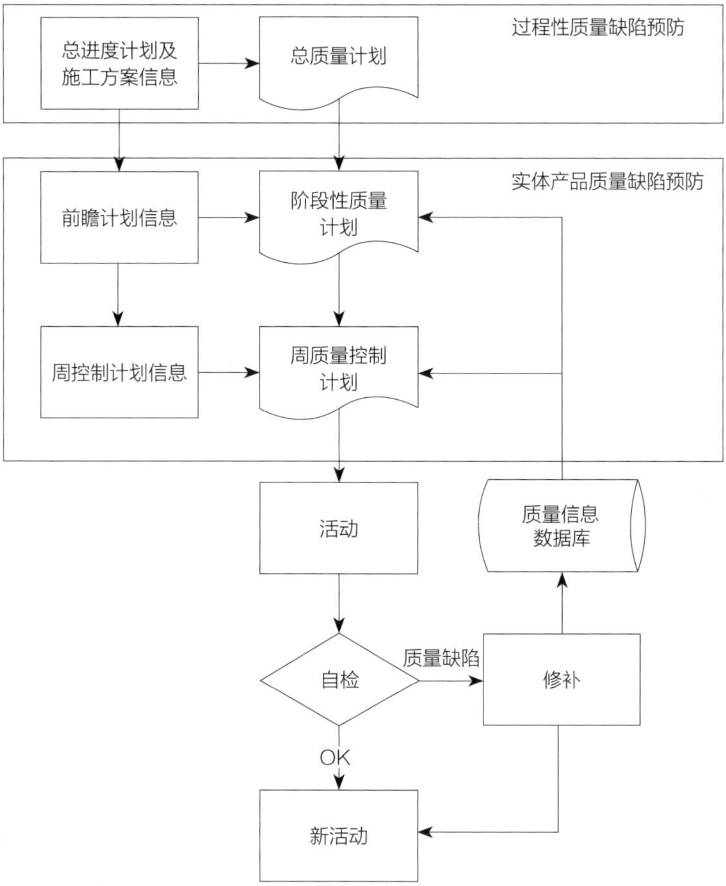

图4-3　精益建造质量控制流程图

3. 精益质量控制的关键要素

精益建造质量控制是否能够有效地预防质量缺陷的发生，以及在质量缺陷发生后能否及时发现并处理，在实施中主要取决于以下几个关键要素：

（1）滚动质量计划

通过应用最后计划者体系对生产计划进行滚动更新，可以大大提高实施计划的准确性，减少施工中的等待和浪费。在精益建造质量控制系统中应用这个技术对质量控制计划及时更新，提高质量计划的针对性，可以更好地预防质量缺陷的发生，如图4–4所示。

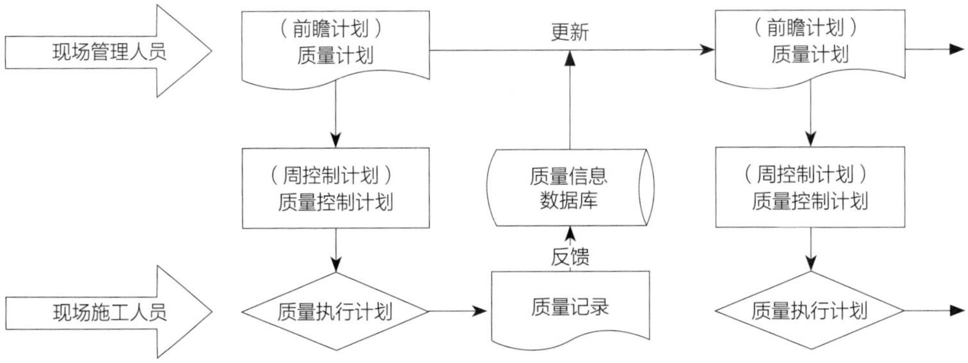

图4-4 滚动质量计划示意图

（2）质量职能分配

在精益建造质量控制体系中，操作工人的质量管理责任由被动变为主动。在施工现场，操作工人被赋予在质量控制方面更多的权限，把部分质量检查的职能由现场管理人员转移到操作工人，作为其质量职能的组成部分，使其工作质量成果直接面对下一工序的工人和外部质量管理主体（如监理和业主）。对于现场管理人员只需要对少数的关键质量控制点进行抽查，其主要的质量职能在于控制性质量计划的编制和质量缺陷的预防。在精益建造质量控制体系中，现场管理人员和建筑工人的质量职能和责任分工如表4–4所示。

质量职能、责任分工表　　表4-4

人员	质量职能、责任
现场管理人员	根据前瞻计划和质量计划，编制滚动质量计划； 采纳工人的改进建议，编制周控制质量计划； 根据周控制计划，编制质量控制点检查清单；

续表

人员	质量职能、责任
现场管理人员	对建筑工人进行质量交底和必要的技能培训； 编制质量控制程序； 关键质量控制点的抽查； 特定风险领域的质量控制
现场操作工人	在周质量控制计划编制时提出质量建议； 按质量计划和控制程序实施质量控制活动； 进行规定范围内的质量检查，填写质量记录； 向现场管理人员汇报质量信息； 进行关于质量控制改进的相关工作

（3）高素质的操作工人

在精益建造质量控制模式中，高素质高能力的操作工人是实施精益建造质量控制的必要条件。

在编制质量控制计划时，现场管理人员应当充分考虑操作工人的意见，操作工人建议的检查点应当被整合进控制计划。

现场建筑工人还应当被给予质量检查权和质量缺陷修补决策权，在发现质量缺陷时，由建筑工人在第一时间进行质量缺陷的修补，这样可以简化施工单位内部质量检验的程序，消除由于质量缺陷决策程序所带来的等待和浪费。

（4）质量控制文件和质量信息数据库

在精益建造质量控制体系中，需要采用更直接更有效的质量控制文件，以反映质量控制的具体要求和实施的详细过程。这些文件包括：显示特定工作任务细节的草图、质量控制关键点清单、活动实施程序和质量验收标准、负有质量责任的建筑工人签名的交接记录和检查记录等。

这些详细的质量控制文件意味着，现场管理者对现场操作工人布置的质量任务是清楚明确的，现场建筑工人对信息已经理解，时间和资源是充分的。整个质量控制文件应当形成一个体系，能够准确系统地反映每一个质量活动环节，并具有可追溯性。

功能完善的质量信息数据库在精益建造质量控制中起着非常重要的作用。它应当能够准确地记录所有重要的质量信息，包括质量缺陷信息，具备统计、查询、汇总、分类等功能，并且可以在整个企业内部共享，为质量缺陷预防、质量改进提供参考依据。

4.3.4 6S现场精益安全生产管理

随着我国建筑业的迅速发展，施工安全成为社会各界广泛关注的问题。近年来，精益管理理论和方法被应用于建筑企业安全管理中，6S现场管理方法更多地融合了安全生产管理元素，由此形成了建筑业的精益安全生产管理模式。

1. 精益施工安全生产管理的内涵

精益管理诞生于加工制造业，随后被引入建筑业，形成了精益建造模式。所谓施工项目精益安全生产管理是将精益管理思想和精益管理工具应用到施工项目安全管理中，建立在现有的安全管理体系的基础之上并与之有机地融合。在施工项目精益安全生产管理模式中把非增值活动定义为浪费，产生非增值活动的行为或者状态即为浪费源，施工现场存在着许多浪费源，安全隐患寄生在这些浪费源中，使安全隐患的存在具有隐蔽性和不可预知性。通过在施工过程中合理地应用精益管理思想和管理方法对传统的施工过程进行优化管理，从而减少现场杂乱和施工人员闲散等现象的发生，使其能够更好地预防安全隐患，并且有效地改进以往安全管理的不足。在保证工程项目施工正常的情况下，分清增加价值的活动和不增加价值的活动，对增值活动进行重点管理，对协调增值的必要工作，必须精简，从而提高工作效率，使增值活动更为完善，进而减少安全隐患。

2. 精益施工安全生产管理原则

（1）以人为本

精益安全生产管理认为人作为管理中最基本的要素，他是能动的，与环境是一种交互作用：创造良好的环境可以促进人的发展从而带来企业的发展。在施工项目安全生产管理中应该以人为出发点和中心，充分激发和调动人的主动性、积极性、创造性，使全体人员积极参与项目的安全管理活动。建立以人为本的精益安全文化，尊重员工在项目安全管理中的重要作用，形成支撑员工与企业生命的一种精神力量，培养员工精益求精、尽善尽美的精神，提升面对应急事件处置时的快速反应能力。

（2）全员参与

施工项目精益安全生产管理要求项目的全体成员在项目实施的全过程中参与安全管理的各个方面。项目部全体员工包括上层的项目经理、书记，一直到施工现场操作工人都有义务和责任参与安全生产管理活动中，而且应该根据不同的职务承担不同的安全管理职责，每个员工都应该具有高度的责任感。

（3）持续改进

持续改进作为精益安全生产管理模式的精髓，旨在通过精益管理中的“工作标准”到“标准工作”的持续交替过程，不断改进施工过程中出现的安全问题，优化安全生产管理流程，从而提升项目安全管理水平，达到持续改进的目标。

安全隐患是反复出现和不断变化的，甚至很多安全问题很难用改革的方式彻底改变。同时施工安全生产是一种动态的生产活动，要求我们必须使用动态的方法或手段来适应变化的生产活动。

（4）标准化管理

标准化管理体现在管理流程的标准化和作业标准化两个方面。精益安全生产管理坚持以标准化管理为原则，一方面，通过制定标准化的管理流程，不断修订和完善应急预案，可以在发生安全事故时提升管理人员的应急处理能力；另一方面通过实施作业标准化，使施工人员执行标准化的作业和使用机械设备时执行标准化的规程，可以减少安全隐患，降低安全事故发生的频率。

3. 精益施工安全生产管理模型

安全作为建筑工程项目的核心价值目标，其实现不能脱离生产与管理而孤立存在。在传统管理体系中，常常将安全活动视为非增值活动，在安全与生产发生冲突时，往往将安全活动置于可有可无的地位；而孤立地行使安全监管职能，又常常会导致监管者与被监管者之间的敌对状态出现，制约安全管理效率的提高，因此，安全管理的变革必须有机融入精益生产和管理变革之中，将安全活动作为增值活动系统地体现在日常生产与管理过程中。本书在精益管理思想的指导下，从系统性、整体性的角度出发，充分联系局部与整体之间的关系，由局部走向整体，构建出了精益安全生产管理模型（图4–5）。在该模型中，精益安全管理的过程始终坚持以人为本、全员参与、持续改进以及标准化管理的精益安全生产管理原则，同时将6S现场管理、最后计划者技术、可视化管理、标准操作规程及团队合作法等精益建造技术作为方法手段，期望形成施工项目安全生产管理的持续改进机制，并使安全管理的水平不断提升，最终达到施工项目“零事故”的效果。

4. 精益施工安全生产管理方法体系

经过多年的实践与总结，精益管理体系提炼出诸多有效地促进价值创造、消除浪费的实用工具，这些技术工具对于安全管理目标的实现有着重大的借鉴意义和支持作用，因此应该充分利用精益工具实现安全管理的精益化。可以用在精益安全生产管理方面的精益建造工具有6S现场管理、最后计划者技术、可视化管理、标准化作业、团队合作法以及设备保全法等。

（1）6S现场管理

6S管理师精益建造体系下的安全监控模式，其中具体分为整理、整顿、清扫、清洁、素养和安全。6S是创建和保持组织化，整洁工作场地的过程和方法，可以教

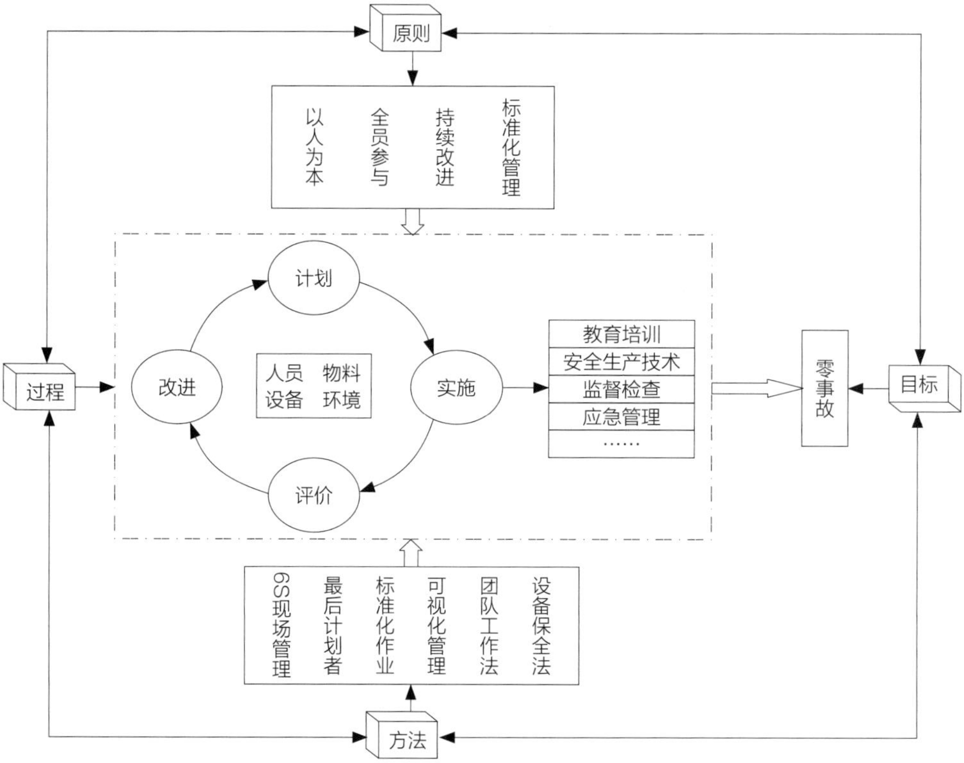

图4-5 精益安全生产管理模型图

育、启发并养成良好“人性”习惯。这种管理体系可以很大程度上提高现场的管理水平，通过6S管理体系，可以把施工安全归入现场管理中，这说明了施工现场的管理不仅要以施工安全为目标，更重要的是应当把施工安全当作现场管理的一个子集。6S现场管理涉及现场的人、机械、材料、场地等要素，打造整洁、干净的工作现场，进而改善工作环境、提高工人的素质，避免浪费，提高安全系数。6S是安全生产的前提，通过6S来提高施工现场的整洁状态，为现场工作人员提供一个可靠的工作环境，提高工人工作的热情和积极性。

（2）最后计划者技术

由于建设工程施工是一个多组织交涉、多资源融合的一个过程。项目参与者较多，每个参与单位的企业文化、员工的层次水平、使用的方法都不相同。协调好各个单位在施工现场的合作平衡，必须应用合理且有效的手段来安排资源的分配。最后计划者技术与传统自上而下的计划体系截然不同，它通过工作流上最后施工作业人员来拉动计划的制订，运用长期计划和短期计划相结合来共同控制工作的完成，可以有效地缩短施工作业人员等待作业的时间，从而减少因时间计划不合理而产生的安全隐患。最后计划者体系还可以通过改变以往被动式的安全生产管理模式，首先是建筑工人对自己班组内完成的工序进行自我安全检查，提高安全管理的灵活性、随时性；其次是由前一工作流末位的人员确定下一道工序，有利于调动工人工作的积极性，提高工人的安全责任意识。

（3）可视化管理

可视化管理指通过形象直观、色彩适宜的各种视觉感知信息来组织现场生产活动，以达到提高劳动生产效率的目的。它以视觉信号为基本手段，以公开化为基本原则，是一种“看得见的管理”。施工现场最基本的可视化管理体现在：不同职能人员进入现场时佩戴不同颜色的安全帽；现场人流和车流的分道；各种安全标识牌。除此之外，还可以利用每个月不同颜色的色标对现场机械和设备进行检查合格后的贴标，使工人对其使用的机械是否合格一目了然，无色标或错误色标的机具不能使用；在施工入口分享现场人数、施工内容、施工风险、工作票、管理人员信息、施工图纸等；张贴安全漫画和插画。这些做法可以使任何一个进入现场的人，即便他不熟悉流程细节，也能迅速地明白所进行的工作，理解并能判断出生产是否受控，并对当前的操作状态作出评价。

（4）标准化作业

标准化作业是指对于施工过程中重复的作业和管理活动建立标准化操作规程，如施工作业方法及顺序，完成每项施工作业时间所需的合理时间，每项施工作业活动所需的机械设备以及材料库存要求等，从而达到安全、准确、高效、节省的作业效果。安全生产管理标准化（图4-6）主要包含安全管理制度标准化、人员行为标准化、机械设备管理标准化和作业现场标准化。安全管理制度内容包括安全检查制度、安全教育制度、事故调查分析制度、班组安全工作制度、紧急事故处理制度和隐患处理制度等。人员行为标准化有个人防护用品标准、作业安全行为标准等。机械设备管理标准化涉及脚手架、塔式起重机、施工电梯等。作业现场标准化内容包括安全工作风险分析、现场安全防护和文明施工等。

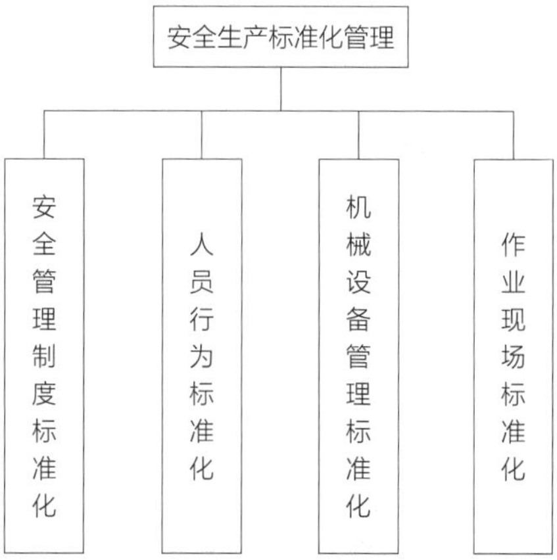

图4-6　安全生产标准化管理

（5）团队合作法

团队合作法要求每位员工在工作中不仅是执行上级的命令，更重要的是积极地参与，起到决策与辅助的作用。组织团队的原则并不完全按行政组织来划分，而是根据业务的关系来划分。团队成员强调一专多能，要求能够比较熟悉团队内其他工作人员的工作，保证工作协调顺利进行。团队人员工作业绩的评定受团队内部的评价影响。团队工作的氛围是信任，以一种长期的监督控制为主，避免对每一步工作的核查，从而提高工作效率。团队的组织是变动的，针对不同的事物，建立不同的团队，同一个人可能隶属于不同的团队。例如，可以成立安全委员会、事故调查分析团队、安全培训团队、应急响应小组等团队来为安全生产保驾护航。

（6）设备保全法

良好的设备保全是实施精益建设不可或缺的部分，为了保证设备的可靠性，保持设备处于“健康状态”，运行中不发生故障，需要对设备进行全面生产维护。设备保全法是指操作人员和维修人员共同参与、相互协作，有针对性地结合定期保全、预知保全、事后保全、改良保全四种保全方式，进行有效的设备管理，对设备实行全方位的维护，从而提升设备运行过程中的安全性。

5. 精益施工安全生产管理过程

在精益安全生产管理系统中加入持续改进的机制，更加注重施工现场6S管理，以消除人的不安全行为、物的不安全状态和管理制度的失效。

（1）精益安全生产管理把6S活动与现场文明施工结合起来，与现场标准化结合起来，与项目文化结合起来，与培养建筑产业工人素质结合起来。通过考核和奖惩机制，激发全体员工参加6S活动的积极性，养成良好习惯，以此提高安全生产意识和自我防范意识。

（2）精益安全生产管理围绕施工过程中的人员、物料、设备以及环境进行计划、实施、评价、改进，最终形成一个不断循环往复的过程。

（3）通过计划、实施、评价和改进动态循环的过程可以快速精准识别安全隐患，持续优化安全生产流程、安全管理流程，最终不断改进安全生产管理中的不足，提升安全生产管理水平。

（4）通过改进与安全相关的行为习惯过程来减少不安全动作发生，了解不同工序施工人员所有可能的行为习惯，分析产生该行为习惯的原因，最终对所有可能的行为习惯进行监督，并解决这些行为，如此循环反复，直到该工序没有出现这些浪费现象。实施阶段主要包括对员工的安全教育培训、安全生产技术的实施、安全监督检查、发生安全事故时的应急处理等工作。

4.4　精益施工流水生产线

工业生产的实践证明，流水施工作业法是组织生产的有效方法。流水作业法的原理同样也适用于建筑工程的施工。建筑工程的流水施工与一般工业生产流水线作业十分相似。不同的是，在工业生产中的流水作业中，专业生产者是固定的，而各产品或中间产品在流水线上流动，由前一个工序流向后一个工序；而在建筑施工中的产品或中间产品是固定不动的，专业施工队的操作人员则是流动的，他们由前一施工段流向后一施工段。

4.4.1　施工流水线的基本要求

在通常情况下，一个工程项目的施工过程应当是合理地、稳定地运行的，为此需要对工程系统内所有生产要素进行合理的安排，以最佳的方式将各种生产要素结合起来，使其形成一个协调的系统，从而达到作业时间省、物资资源耗费低、产品和服务质量优的目标。

在精益建造前提下，合理组织施工过程，应考虑以下基本要求：

（1）施工过程的连续性。在施工过程中各阶段、各施工区的人流、物流始终处于不停的运动状态之中，避免不必要的停顿和等待现象，且使流程尽可能短。

（2）施工过程的协调性。要求在施工过程中基本施工过程和辅助施工过程之间、各道工序之间以及各种机械设备之间在生产能力上要保持适当数量和质量要求的协调（比例）关系。

（3）施工过程的均衡性。在工程施工的各个阶段，力求保持相同的工作节奏，避免忙闲不均、前松后紧、突击加班等不正常现象。

（4）施工过程的平行性。这是指各项施工活动在时间上实行平行交叉作业，尽可能加快速度，缩短工期。

（5）施工过程的适应性。在工程施工过程中对由于各项内部和外部因素影响引起的变动情况具有较强的应变能力。这种适应性要求建立信息迅速反馈机制，注意施工全过程的控制和监督，及时进行调整。

4.4.2 流水施工组织方式

为了说明建筑工程中采用流水施工的特点，可比较建造m幢相同的房屋时，施工采用依次施工、平行施工和流水施工三种不同的施工组织方法。

采用依次施工时，是当第一幢房屋竣工后才开始第二幢房屋的施工，即按照次序一幢接一幢地进行施工。这种方法同时投入的劳动力和物资资源较少，但各专业工作队在该工程中的工作是有间隙的，工期也拖得较长。图4–7（a）中有m幢房屋，每幢房屋施工工期为t，则总工期为$T=mt$。

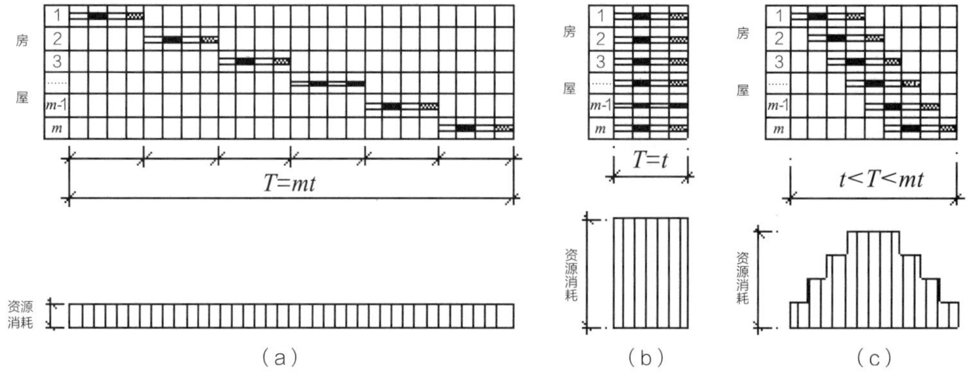

图4-7 不同施工方法的比较

（a）依次施工；（b）平行施工；（c）流水施工

采用平行施工时。m幢房屋同时开工、同时竣工。这样施工显然可以大大缩短工期，从图4–7（b）中可见总工期$T=t$。但是，组织平行施工，各专业工作队同时投入工程的施工队数却大大增加，相应的劳动力和物资资源的消耗量集中，现场临时设施增加，这都会给施工带来不良的经济效果。

在各施工过程连续施工的条件下，把各幢房屋作为劳动量大致相同的施工段，组织施工专业队伍在建造过程中最大限度地相互搭接起来，陆续开工，陆续完工，就是流水施工。流水施工是以接近恒定的生产率进行生产的，保证了各工作队（组）的工作和物资资源的消耗具有连续性和均衡性。从图4–7（c）中可以看出，流水施工方法能克服依次施工和平行施工方法的缺点，同时保留了它们的优点，其总工期$T<mt$。

4.4.3 施工流水线的组织条件

流水施工是指各施工专业队按一定的工艺和组织顺序，以确定的施工速度，连续不断地通过预先计划的流水段（区），在最大限度搭接的情况下组织施工生产的一种形式。组织流水施工，必须具备以下的条件。

（1）把整幢建筑物建造过程分解成若干个施工过程。每个施工过程由固定的专业工作队负责实施完成。

施工过程划分的目的，是为了对施工对象的建造过程进行分解，以明确具体专业工作，便于根据建造过程组织各专业施工队依次进入工程施工。

（2）把建筑物尽可能地划分成劳动量或工作量大致相等的施工段（区），也可称流水段（区）。

施工段（区）的划分目的是形成流水作业的空间。每一个段（区）类似于工业产品生产中的产品，它是通过若干专业生产来完成。工程施工与工业产品的生产流水作业的区别在于：工程施工的产品（施工段）是固定的，专业队是流动的；而工业生产的产品是流动的，专业队是固定的。

（3）确定各施工专业队在各施工段（区）内的工作持续时间。这个持续时间又称“流水节拍”，代表施工的节奏性。

（4）各工作队按一定的施工工艺，配备必要的机具，依次地、连续地由一个施工段（区）转移到另一个施工段（区），反复地完成同类工作。

（5）不同工作队完成各施工过程的时间适当地搭接起来。不同专业工作队之间的关系，表现在工作空间的交接和工作时间的搭接。搭接的目的是缩短工期，也是连续作业或工艺的要求。

4.4.4 施工流水线的技术参数

工程施工进度计划图表是反映工程施工时各施工过程按其工艺上的先后顺序、相互配合的关系和它们在时间、空间上的开展情况。目前应用最广泛的施工进度计划图表有线条图和网络图。

流水施工的工程进度计划图表采用线条图表示时，按其绘制方法的不同分为水平图表（又称横道图）[图4–8（a）] 及垂直图表（又称斜线图）[图4–8（b）]。图中水平坐标表示时间；垂直坐标表示施工对象；n条水平线段或斜线表示n个施工过程在时间和空间上的流水开展情况。在水平图表中，也可用垂直坐标表示施工过

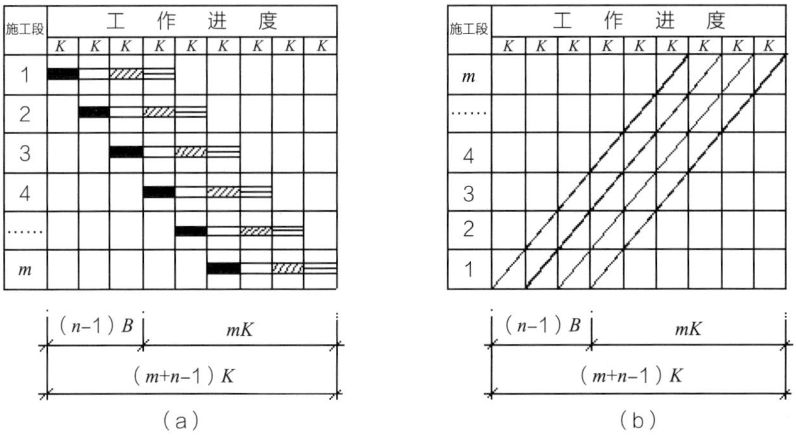

图4-8　流水施工图表

（a）水平图表；（b）垂直图表

程，此时n条水平线段则表示施工对象。应该注意，垂直图表中垂直坐标的施工对象编号是由下而上编写的。

水平图表具有绘制简单，流水施工形象直观的优点。垂直图表能直观地反映出在一个施工段中各施工过程的先后顺序和相互配合关系，而且可由其斜线的斜率形象地反映出各施工过程的流水强度。在垂直图表中还可方便地进行各施工过程工作进度的允许偏差计算

为了说明组织流水施工时，各施工过程在时间上和空间上的开展情况及相互依存关系，必须引入一些描述流水施工进度计划图表特征和各种数量关系的参数，这些参数成为流水参数，它包括工艺参数、流水强度、时间参数和空间参数。

1．工艺参数

一个工程的施工，通常由许多施工过程（如挖土、支模、扎筋、浇筑混凝土等）组成。施工过程的划分应依照工程对象、施工方法及计划性质等确定。

当编制控制性施工进度计划时，组织流水施工的施工过程划分可粗一些，一般只列出分部工程名称，如基础工程、主体结构吊装工程、装修工程、屋面工程等。当编制实施性施工进度计划时，施工过程可以划分得细一些，将分部工程再分解为若干分项工程，如将基础工程分解为挖土、浇筑混凝土基础、砌筑基础墙、回填土等。但是其中某些分项工程仍由多工种来实现，特别是对其中起主导作用分项工程，往往考虑到按专业工种的不同，组织专业工作队进行施工，为便于掌握施工进度、指导施工，可将这些分项工程再进一步分解成若干个由专业工种施工的工序，

以此作为施工过程的项目内容。因此施工过程的性质，有的是简单的，有的是复杂的。如一幢建筑的施工过程数n，一般可分为20～30个，工业建筑往往划分更多一些。而一个道路工程的施工过程数n，则只分为4～5个。

施工过程分三类，即制备类、运输类和建造类。制备类就是为制造建筑制品和半制品而进行的施工过程，如制作砂浆、混凝土、钢筋成型等。运输类就是把材料、制品运送到工地仓库或在工地进行转运的施工过程。建造类是施工中起主导地位的施工过程，它包括安装、砌筑等施工。在组织流水施工计划时，建造类必须列入流水施工组织中，制备类和运输类施工过程，一般在流水施工计划中不必列入，只有直接与建造类有关的（如需占用工期，或占用工作面而影响工期等）运输过程或制备过程，才被列入流水施工的组织中。

2. 流水强度

每一施工过程在单位时间内所完成的工程量（如浇捣混凝土施工过程，每工作班能浇筑多少立方米混凝土）叫流水强度，又称流水能力或生产能力。

（1）机械施工过程的流水强度按下式计算：

$$V=\sum_{i=1}^{x} R_iS_i$$

式中，R_i——某种施工机台数；

S_i——该种施工机械台班生产率；

x——用于同一施工过程的主要施工机械种数。

（2）手工操作过程的流水强度按下式计算：

$$V=R\cdot S$$

式中，R——每一施工过程投入的工人人数（R应小于工作面上允许容纳的最多人数）；

S——每一工人每班产量。

3. 时间参数

（1）流水节拍

流水节拍是一个施工过程在一个施工段上的持续时间。它的大小关系着投入的劳动力、机械和材料量的多少，决定着施工的速度和施工的节奏性。因此，流水节拍的确定具有很重要的意义。通常有两种确定方法：一种是根据工期的要求来确定；另一种是根据现有能够投入的资源（劳动力、机械台数和材料量）来确定。

流水节拍的算式如下：

$$K=\frac{Q_{\mathrm{m}}}{S\cdot R}=\frac{P_{\mathrm{m}}}{R}$$

式中，Q_{m}—— 某施工段的工程量；

S —— 每一工日（或台班）的计划产量；

R —— 施工人数（或机械台数）；

P_{m}—— 某施工段所需要的劳动量（或机械台班量）。

根据工期要求确定流水节拍时，可用上式反算出所需要的人数（或机械台班数）。在这种情况下，必须检查劳动力、材料和机械供应的可能性，工作面是否足够等。

（2）流水步距

两个相邻的施工过程先后进入流水施工的时间间隔，叫流水步距。如木工工作队第一天进入第一施工段工作，工作2d做完（流水节拍K=2d），第3天开始钢筋工作队进入第一施工段工作。木工工作队与钢筋工作队先后进入第一施工段的时间间隔为2d，那么流水步距B=2d。

流水步距的数目取决于参加流水的施工过程数，如施工过程数为n个，则流水步距的总数为n–1个。

确定流水步距的基本要求如下：

1）始终保持合理的先后两个施工过程工艺顺序；

2）尽可能保持各施工过程的连续作业，不发生停工、窝工现象；

3）做到前后两个施工过程施工时间的最大搭接（即前一施工过程完成后，后一施工过程尽可能早地进入施工）；

4）应满足工艺、技术间歇与组织间歇等间歇时间。

（3）时间间歇

流水施工往往由于工艺要求或组织因素要求，两个相邻的施工过程增加一定的流水间隙时间，这种间隙时间是必要的，它们分别称为工艺间隙时间和组织间隙时间。

1）工艺、技术间隙时间（Z_1）

根据施工过程的工艺性质，在流水施工中除了考虑两个相邻施工过程之间的流水步距外，还需考虑增加一定的工艺或技术间隙时间。如楼板混凝土浇筑后，需要一定的养护时间才能进行后道工序的施工；屋面找平层完成后，需等待一定时间，使其彻底干燥，才能进行屋面防水层施工等。这些由于工艺、技术等原因造成的等待时间，称为工艺、技术间隙时间。

2）组织间隙时间（Z_2）

由于组织因素要求两个相邻的施工过程在规定的流水步距以外增加必要的间隙时间，如质量验收、安全检查等。这种间歇时间称为组织间歇时间。

上述两种间歇时间在组织流水施工时，可根据间歇时间的发生阶段或一并考虑、或分别考虑，以灵活应用工艺间歇和组织间歇的时间参数特点，简化流水施工组织。

4. 空间参数

（1）工作面

工作面是表明施工对象上可能安置一定工人操作或布置施工机械的空间大小，所以工作面是用来反映施工过程（工人操作、机械布置）在空间上布置的可能性。

工作面的大小可以采用不同的单位来计量，如对于道路工程，可以采用沿着道路的长度，以m为单位；对于浇筑混凝土楼板则可以采用楼板的面积，以m^2为单位等。

在工作面上，前一施工过程的结束就为后一个（或几个）施工过程提供了工作面。在确定一个施工过程必要的工作面时，不仅要考虑施工过程必需的工作面，还要考虑生产效率，同时应遵守安全技术和施工技术规范的规定。

（2）施工段

在组织流水施工时，通常把施工对象划分为劳动量相等或大致相等的若干个段，这些段称为施工段。每一个施工段在某一段时间内只供给一个施工过程使用。

施工段可以是固定的，也可以是不固定的。在固定施工段的情况下，所有施工过程都采用同样的施工段，施工段的分界对所有施工过程来说都是固定不变的。在不固定施工段的情况下，对不同的施工过程分别规定出一种施工段划分方法，施工段的分界对于不同的施工过程是不同的。固定的施工段便于组织流水施工，采用较广，而不固定的施工段则较少采用。

在划分施工段时，应遵循以下几点要求：

1）施工段的分界同施工对象的结构界限（温度缝、沉降缝和建筑单元等）尽可能一致；

2）各施工段上所消耗的劳动量尽可能相近；

3）划分的段数不宜过多，以免使工期延长；

4）对各施工过程均应有足够的工作面；

5）当施工有层间关系，分段又分层时，为使各队能够连续施工，即各施工过程的工作队做完第一段，能立即转入第二段；做完一层的最后一段，能立即转入上面一层的第一段。因而每层最少施工段数目m_0应满足：

$$m_0 \geqslant n$$

当$m_0=n$时，工作队连续施工，而且施工段上始终有工作队在工作，即施工段上无停歇，是比较理想的组织方式；

当$m_0>n$时，工作队仍是连续施工，但施工段又空闲停歇；

当$m_0<n$时，工作队在一个工程中不能连续施工而窝工。

施工段有空闲停歇，一般会影响工期，但在空闲的工作面上如能安排一些准备或辅助工作（如运输类施工过程），则会使后续工作顺利，也不一定有害。而工作队工作不连续则是不可取的，除非能将窝工的工作队转移到其他工地进行工地间大流水。

流水施工中施工段的划分一般有两种形式：一种是在一个单位工程中自身分段；另一种是在建设项目中各单位工程之间进行流水段划分。后一种流水施工最好是各单位工程为同类型的工程，如同类建筑组成的住宅群，以一幢建筑作为一个施工段来组织流水施工。

通过精益建造方法与“施工流水生产线”的融合，把施工生产的工期管理线、成本管理线、质量管理线、安全管理线等集合于“一线”（流水线），将时间、空间、技术凝结于一点，建立建筑企业“立体化”精益管控理论，创新了施工流水生产线与项目管理模式。

第5章

精益建造全要素供应链管理

5.1 精益建造全要素供应链特征

5.1.1 精益建造全要素供应链的概念

根据对精益建造供应链理论研究和实践状况的分析，把精益建造全要素供应链的概念表述为：精益建造全要素供应链是以工程项目经理部为运行主体，面向工程项目全寿命期过程，围绕项目利益相关者满意目标，以精益思想和方法为主要手段，通过对人员、技术、物资、资金、信息等各种要素资源流的控制，有效应对工程项目外部环境的制约，把建设单位、咨询单位、设计单位、承包商、供应商、分包商等连成一体并形成协同效应的功能网链。

相应地，精益建造全要素供应链管理则是指以建设工程项目经理部为核心，采用先进的精益技术手段，协同各参与方主体的行为，对工程建设全寿命期过程中所涉及的人员流、技术流、物资流、资金流、信息流全要素进行精益化的计划、组织、协调和控制，将客户所需要的正确的建筑产品（Right Building Product）、能够在正确的时间（Right Time）、按照正确的数量（Right Quantity）、正确的质量（Right Quality）和正确的状态（Right Status），以正确的价格（Right Price），在正确的地点（Right Place）交付使用，以最小的成本创造最大的价值，并实现利益相关者满意。

5.1.2 精益建造全要素供应链的特征

工程项目“精益建造全要素供应链”与传统建筑供应链相比较，有以下七个方面的显著特征。

1. 以项目经理部为运行主体

精益建造全要素供应链突显出运行主体和责任主体是建筑企业的项目经理部。这种定位的理论基础是“项目生产力理论”，该理论认为，建筑业的生产力体系中，最为重要的是第四个层次“项目生产力”。其基本含义是说明工程建设的资源要素只有在项目层面上进行优化组合才能形成现实的施工生产能力。因此，精益建造全要素供应链按照项目生产力理论的内涵对运行主体进行定位，促使项目经理部在供应链运行中发挥核心中枢作用，从而能够把管理活动聚焦于项目目标。传统的建筑供应链以建筑企业为主体运行，项目经理部需要付出更高的管理协调成本。

2. 面向建设工程项目全寿命期过程

精益建造全要素供应链涉及的业务范畴覆盖建筑产品的全寿命期过程。建筑产品的生成需要经过市场研究、投标报价、设计、资源采购、施工、竣工交付等阶段，只有确保每一个阶段的成果是精品，才能使最终产品成为精品工程。传统建筑供应链对工程项目建设全过程管理缺乏系统化、集成化的思考。

3. 以项目利益相关者满意为最终目标

精益建造全要素供应链建立与运行的最终目标是使得项目利益相关者满意。项目业主和承包商是众多的项目利益相关者之中最为重要的，这两者有着共同关注的目标，即项目进度目标、质量目标、成本目标、安全生产目标、绿色施工目标、技术创新目标。精益建造全要素供应链能够有效地实现项目目标。反之，能否实现上述目标也是评价全要素精益建造供应链有效性的标准。

4. 以精益思想方法为技术基础

精益建造全要素供应链突出精益思想和方法的应用。精益建造供应链的原理来源于精益建造理论与建筑供应链的融合。由于建筑供应链本身固有的集中性、临时性和复杂性特点，精益思想和方法融入建筑供应链体系，必将从根本上改变传统建筑供应链粗放特性的运行状态。精细计划、精准施工、精确控制等方法的运用构建了全要素精益建造供应链的技术基础。

5. 以全要素资源流为管理对象

精益建造全要素供应链的管理对象涉及全要素资源流。传统建筑供应链的管理活动的控制对象是信息流、物资流、资金流，但这些要素不能覆盖对工程项目目标产生重大影响的全部资源。在工程建设过程中，建筑产品固着在某一既定的地点，建造工序是随着工艺路线而不断移动的，直到完成所有的施工任务。工序的移动必然要求操作工人和技术手段（包括图纸、技术方案、材料、施工机械等）随之移动和变化。为此，全要素精益建造供应链将人员流、技术流也作为控制的对象。

6. 多主体相互协同

精益建造全要素供应链强调参与供应链运行的多个主体之间的协同效应。建筑产品的生产涉及不同行业、不同专业的众多参与方，这些参与方构成了建筑供应链的组织体系。全要素精益建造供应链要求在全过程一体化集成的基础上，各主体之间服从于整体利益的价值协同，形成协同效应。

7. 应对外部环境约束

精益建造全要素供应链注重应对建设工程项目外部环境风险的影响。工程项目的建设活动大多处于露天作业状态，工作环境、经济与政策环境的多变性风险发生的概率比较高，项目环境对项目顺利推进的制约因素较多。

5.2 精益建造全要素供应链结构

5.2.1 精益建造全要素供应链的基本结构

根据精益建造全要素供应链概念的定义，可以把精益建造全要素供应链基本结构的逻辑模型用图5-1表示。其中，精细计划、精准施工、精确控制等方法应用于人员、技术、物资、资金、信息全要素资源流的计划、组织、实施、控制过程，这是精益建造供应链的运行内容，这两方面的融合决定了精益建造全要素供应链运行

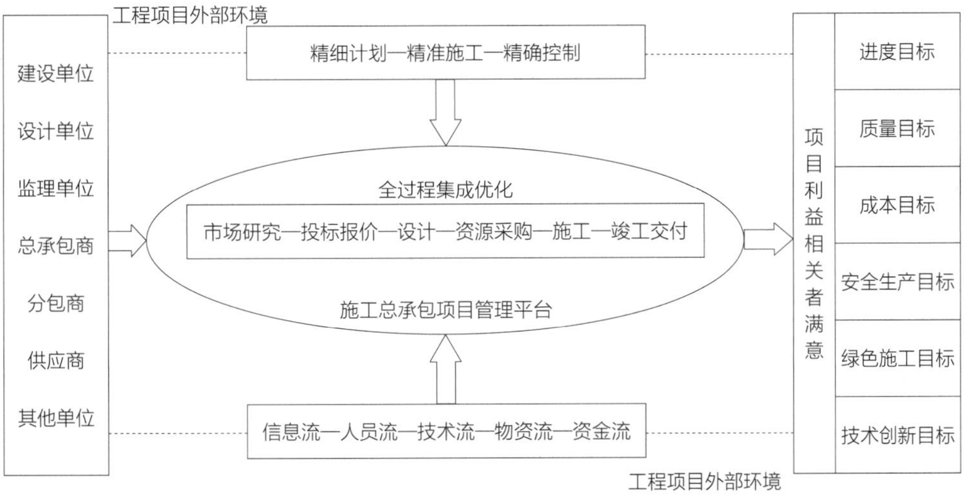

图5-1　精益建造全要素供应链基本结构逻辑模型示意图

的有效性；精益建造全要素供应链立足于面向工程项目全寿命期过程的最优化集成平台，该平台既覆盖工程项目的市场研究、投标报价、设计、资源采购、施工、竣工交付等阶段，又把建设单位、咨询单位、设计单位、总承包商、供应商、分包商等连成具有协同效应的整体的功能网链结构，这个平台的管理主体是工程总承包企业的项目经理部；全要素精益建造供应链运行目标的指向是工程项目利益相关者满意，同时，工程项目利益相关者满意也是检验全要素精益建造供应链有效性的标志；能否有效应对工程项目外部环境的影响和制约，是评价全要素精益建造供应链的重要内容。

5.2.2 精益建造对建筑供应链管理的作用

追求“零浪费”是精益思想的终极目标，具体表现在PICQMDS这七个方面。对建筑供应链管理的相应指导作用见表5-1。

精益建造对建筑供应链的作用　　表5-1

目标	具体要求	在建筑供应链管理中
“零”转产工时浪费	Products多品种混流建造	减少资源在节点间转移时的浪费
“零”库存	Inventory消减库存	降低资源的库存
“零”浪费	Cost全面消减成本	全面控制各环节上的资源浪费
“零”不良	Quality高品质	全面质量管理保证供应链的高品质
“零”故障	Maintenance提高运转率	保证各环节机械设备的正常运转
“零”停滞	Delivery快速反应，短交期	节点之间及时合理地搭接
“零”灾害	Safety安全第一	从各个节点、环节进行全面安全预防

可以看出，在建筑供应链管理中运用精益建造思想，能更好地降低供应链的各种费用和成本支出，促进建筑供应链的优化和高效率。

5.3 精益建造全要素供应链目标控制

用精益建造的思想进行建筑供应链管理，能更好地控制供应链的成本及质量，并能提高供应链的效率。

5.3.1 精益建造供应链成本控制

精益建造追求精益求精和不断完善，消除各种浪费，控制工程项目的建造成本。在精益建造思想的指导下，可以通过对建筑业供应链中关键性作业的成本分析，融合相关的精益采购成本、设计成本、生产成本、物流成本和服务成本思想，从而形成以客户价值增加为导向，实现整个供应链成本最小的成本管理新理念，即全新的精益供应链成本管理理念。该理念的实施，能使建筑企业注重整条供应链管理，由传统的成本控制手段转向"质量是好的、成本是低的、时间是快的"系统精益供应链成本管理的新思维中。

5.3.2 精益建造供应链质量控制

精益建造思想强调全过程质量管理，要求由过程质量管理来保证最终质量。对于建筑供应链的质量问题，精益建造思想提倡"三自一控"的自律性质量过程管理，即自检、自分、自记和自控活动，从供应链上的各个企业自身入手，对界面中的每一次资源的传递都进行质量检查与控制，形成优良的质量环境，从而对供应链进行质量控制。同时，在对建筑业供应链进行质量控制时还应树立精益建造中的"3N"思想，即不建造不合格品、不接受不合格品、不传递不合格品，把质量问题解决在初级阶段，达到对各供应链环节的质量问题事前遏止，控制质量缺陷和错误的递延。

5.3.3 精益建造建筑供应链时间管理

应用精益建造的思想来促进建筑供应链的及时性控制，提高效率。拉动式以顾客和市场的需求为起点，保持物质流和信息流在生产中同步，实现把正确数量的物料，在正确的时间投放到正确的需求点，并持续地降低成本，提高效率。在建造中运用拉动式JIT思想，即由下个活动向上个活动、顾客向建造商提出要求来进行建设，能减少资源、时间的浪费，提高建筑供应链的效率。

在建筑供应链管理中运用精益建造的并行工程思想，一方面可以使设计环节与施工环节更好地协同，共同解决棘手问题；另一方面，能够将设计与施工的信息集合，共享最终成果，提高建设项目的可建造性和可更新改造性。并行工程的思想，使得建筑供应链中设计环节与施工环节更好地协同工作，使其间的信息流、物流、资金流更加明确，也能提高供应链的响应时间，提高及时性。

要尽量使工程项目各工序、各分项工程之间的转换时间接近于零，任何一分项工程结束，就应该立即转到下一分项工程中去，如施工、设备和建筑材料的及时转换等。在建筑供应链上，要力争使供应链中各种资源在节点的转换时间趋于零，如果是分包项目，还应保证各分包商与总承包商的高效协调和配合。通过缩短工程项目各工序、各分项工程以及各个企业节点之间的转换时间，可以大大缩短建造工期，提高建筑供应链的效率。

5.4 精益建造全要素供应链组织管理

5.4.1 供应链组织的精益化

建筑供应链中的组织者一般包括供应方、建设方、营销方和最终用户等。在对该供应链进行管理时，应该强调和依赖战略管理，采用集成的思想和方法，把供应链中所有节点企业看作一个整体组织，并以建筑企业为核心企业，以工程项目部为驱动主体，强调其与相关企业的协作关系，通过信息共享、技术交流与合作、资源优化配置和有效的价值链激励机制等方法来实现整条供应链的精益化。如图5-2所示。

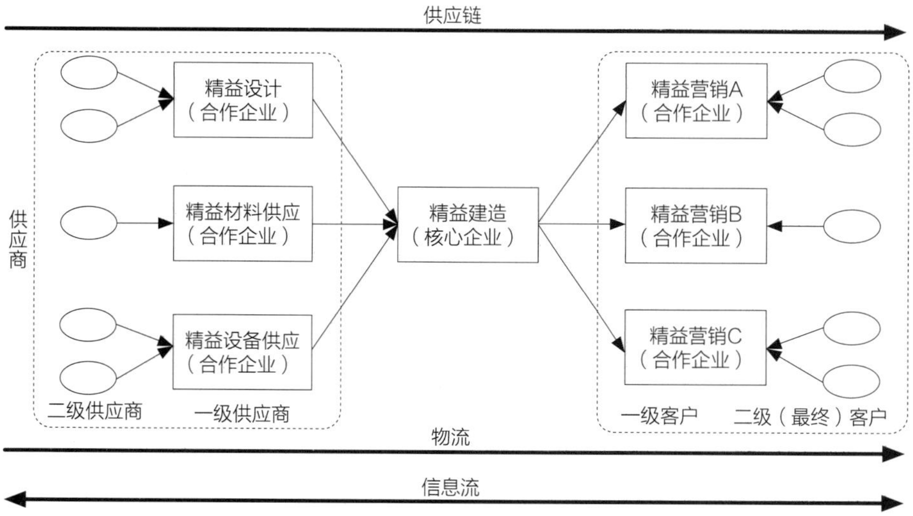

图5-2 精益建造组织运行示意图

5.4.2　建筑企业内部精益供应链环节的建设

每个公司实施精益变革中都应将供应链看作一个整体，精益供应链的建设需要组织或供应链内的三类不同人员的理解和共同努力：高级管理人员是精益供应链建设活动的发起者，供应链改进过程中所涉及的管理和作业人员。因此需要创建三个不同的团队并分别赋予不同的职责，其中高层管理团队负责理解精益供给，形成精益愿景，认可精益变革；处于第二层的精益领导者主要负责规划精益愿景，协调活动，提炼精益知识；第三层属于执行组织则应从每个环节进行流程分析，消除浪费、降低成本。

在精益建造的理念下，建筑企业通过供应链企业的协同合作，可以免去和降低非关键业务的技术改造成本，降低设备更新成本，缩短订单履行时间，降低庞大的业务管理成本。建筑企业通过整合供应链中的各种资源，协同合作，可以实现成本组合最小化、利润最大化。

建筑供应链组织中的各企业应形成一条从供应商、建造单位、营销方到终端客户的物流、信息流网络。供应商根据精益供应链的要求和精益建造特点，为供应链上各企业和项目部在恰当的时间、恰当的地点，以恰当的数量、恰当的质量提供恰当的物品，从而减少供应链的浪费，实现共赢。

5.4.3　精益建造供应链实施

实施精益建造供应链管理，首先是识别必须采取相应行动的必要性和目标，要把计划管理应用于精益建造供应链管理，认识到建造供应链管理和精益建造在利润目标、顾客满意目标和质量目标等方面存在着共同的一致性。

供应链战略强调彼此直接的、长期的合作，强调共同努力实现共有的计划和解决共同的问题，强调相互之间的信任和合作。通过“强强”联合，共同设计、开发、制造，最后共同获得利益。在这种全方位合作关系下，双方的各部门都要保持信息相互共享，业务流程跨越组织边界，彼此无缝接触。

第6章

数字化精益建造管理解决方案

建筑业在国民经济中具有支柱产业、民生产业、基础产业的地位和作用。我国工程项目管理的发展正面临着科技理念、人文理念、绿色理念的挑战，为了克服传统建造方式的诸多弊端，必须积极寻求更加高效的建筑产品生产方式的新途径。把精益制造生产方式引入工程建设领域而形成的精益建造体系，以及把BIM技术应用于精益建造管理过程，能够较大幅度地改善传统建筑业的标准化、定量化和精确度。以工程项目全寿命期集成管理思想为特征的BIM技术为全面实现精益建造目标提供了有效的支持平台。

6.1　工程项目管理面临的挑战

随着社会发展和技术进步，现代建筑产品日益体现出设计理念超前、结构造型复杂、科技含量高、功能标准严、施工难度大的特点，因而，工程建造过程和工程项目管理面临着诸多难题和重大挑战。

6.1.1　工程结构复杂，质量控制难度高

当前，越来越多的工程项目由于使用功能和艺术美感的需要，结构复杂，技术难点多。依靠传统的施工作业方式与技术手段，项目实施和质量保证的风险系数很高，项目管理者需要掌握更多的技术、材料、质量控制、环境管理方面的知识，对项目管理者的技术能力提出了很高的要求。

6.1.2 项目组成繁杂，成本更难估计

项目的组成内容庞杂，材料设备的采购品种繁多，非标准件应用更多，这种非标准件是为单一项目设计的，因此难以进行准确的成本估价。并且这种非标准件的尺寸和结构在施工过程中对于项目进度、质量、成本、安全目标的控制具有很大的影响。在多数情况下，这种非标准配件只有应用在项目的具体部位上才能发现是否合适，不合适便造成了巨大浪费。这就要求设计更加精确，对于设计者的业务能力也提出了更高的要求。

6.1.3 项目参与方众多，协同困难大

对于大型项目，项目参与方多，需要沟通的信息量大，涉及的专业较多，工序立体布局、交叉烦琐，传统的协调方式易产生信息传递不畅或理解不一致等问题，造成效率低下，延误工期。因此，需要项目参与各方有一个统一的信息获取渠道，需要项目管理者具有更高的协调管理能力。

为了应对建筑业发展进程中工程项目管理面临的挑战，必须积极探索和寻求更加具有高效率的建筑产品生产和管理方式，其中，精益建造和BIM技术在工程项目建造过程中的应用成为重要的选择。

6.2 精益建造方式的实施要求

精益建造起源于制造业的“精益生产”方式，精益生产的研究对象是制造业的流程，是流动的产品在流水生产线上由固定工位的人来从事生产操作；精益建造的研究对象是建筑产品施工过程，是固定的、独特的建筑工程项目和流动的工序及对应的流动状态的人从事施工操作。

6.2.1 精益建造思想的形成

精益思想是源于人们对建筑业生产过程中普遍存在的浪费、拖延、不合格、失控等偏差现象的反思而逐步形成的。例如，美国《经济学人》对建筑业施工过程中资源浪费现象的调研表明，25%～30%的工序流程是返工工作，30%～60%的劳动被浪费，10%的材料被浪费。2006年，Ekambaram Palaneeswaran在考察中国香港的

建筑工程项目后发现，仅施工返工造成的直接成本损失达到合同额的3.5%，间接成本损失达到1.7%，由于返工造成10%的工期进度损失。

更具有复杂性和不确定是建筑产品生产过程与工业产品相比性的显著差别，因此，不能简单地将机械制造业的精益生产直接移植到建筑产品建造过程，应当立足于工程建设项目特点，引入精益生产的基本原理，对工程建造和管理过程进行系统性变革，从而建立效率更高、功能更完善的精益建造管理体系。从这个意义上说，精益建造是以精益思想为指导，改造传统的工程管理方式，重新组合和优化设计项目管理流程，在保证工程质量、安全生产的前提下，以最快的进度、最低的成本和最少的环境污染，实现项目利益相关者满意目标的新型工程项目管理模式。

丹麦学者Lauris Koskela（1992）较早地将制造业的精益思想引入建筑行业中，提出精益建造概念。Seung-Hyun Lee（1999）等学者运用过程分析技术，系统地识别和量化了建筑产品生产过程中存在的等待、延迟、超量采购、施工损耗、质量缺陷返工等各种浪费现象。Ballard（2000）全面、系统地提出和阐述了精益建造的一个重要管理工具——最后计划者体系（last planner system，LPS）。Daniel W. Halpin（2002）等提出采用过程模拟方法对建筑产品生产过程进行改进和过程再造，提高工程管理效率。Ballard（2004）提出了面向精益设计、精益供应、精益施工及精益交付使用四个阶段的精益项目交付系统（Lean Project Delivery System，LPDS），按照四个阶段划分工程项目交付过程并不意味着阶段之间是割裂的，事实上各个阶段有部分工作相互重叠。Manfred Breit（2008）等学者在研究4D可视化建模时，采用模拟技术和流程设计模型，通过集成化方案，优化施工工序，有效支撑精益建造的实施。近些年来，国内外的研究人员更加关注信息化技术在精益建造过程的应用。

6.2.2 精益建造的实施要求

由于工程项目具有唯一性、复杂性和不确定性，因此，工程项目实施过程具有不可逆性，所以对工程项目不能进行重复计量，精益建造的核心要求是减少浪费、精细化管理，主要是通过拉动式、准时化的生产方式实现减少浪费和增加项目价值的目的。为此就要求做到：

1. 设计准确、减少更改

在准确、充分理解工程项目业主方真实意图的基础上，通过运用并行工程，在设计阶段将业主、最终用户、设计、施工、设备及材料供应、运行维护等各方参与者的要求整合在一起，实现项目信息的参与方共享，达到减少设计更改的目的。

2. 加强供应链管理、准确及时供应资源

精益建造以建筑产品的流水施工为主线，按照建造工序流程，通过及时准确的信息流，协调所有的供应商形成集成供应链。其关键是通过信息流的准时传递，实现施工生产与供应的密切结合。传统建造方式是通过业主按照自己的需要来推动项目的进行，整个生产过程是通过前道工序来推动后道工序进行，因此其建造过程成为推动式。这样在生产过程中就需要备好后道工序所需要的物料，为此需要保有一定的库存量。而库存的增加对于项目价值的增加并没有帮助。精益建造是拉动式的生产方式。整个生产过程是从后道工序开始向前道工序倒逼，并且通过计划期限的缩短，使得计划体系更加准确可靠、工作流程更加稳定。通过准确的计划体系来制定准确的资源需求计划，稳定项目资源的供应量，甚至实现零库存。

3. 团队合作

工程项目建设是一个多方参与的系统工程。精益建造要求各方协同一致，围绕一个共同的目标，即提高效率、创造项目价值，这需要参与各方进行团队协作，在一个可以共同工作的平台上，及时交流、沟通和处理项目信息，解决工程项目实施过程中出现的进度、质量、费用、安全生产、资源配置、方案优化、环境保护等问题。

从上述要求可以看出，精益建造的实现关键是项目信息的准确传递与处理。

6.3　BIM为精益建造提供技术平台

自从Lauri Koskela在1992年提出精益建造后，经过20多年的发展，以生产转换理论、生产流程理论和价值理论为主体内容的理论体系取得了很大进步，但在实践中应用却仍面临数据、信息处理等诸多难题，特别是我国建筑业在应用精益建造的过程中，典型的案例比较少见。

虽然精益建造是一套比较完美的理论体系，对项目管理提出了很高的要求，项目相关人员必须全面了解项目在每个时点的信息，因此信息处理量巨大，如果不借助现代信息技术，难以完成这样的信息处理。在现实的项目管理中，不借助现代信息技术，项目管理者对于一些简单的建筑，比如普通的一套房屋，都很难准确掌握其所需要的物料、工时、人工等必需信息，更不用说现代复杂建筑了。因此，在施工管理中，项目管理者的经验依然起着主导作用。在这种情况下，精益建造就无法实现其基本目的，也就在现实中很难推广应用。而现代信息技术与建筑技术相结合发展形成的BIM技术，为精益建造的有效实施提供了很好的技术平台。

6.3.1 BIM技术的特征

BIM模型基于“可视化”的三维数字构建建筑设计方案，为开发商、建筑设计师、土建与机电工程师、建造师、材料设备供应商、最终用户等各环节的技术和管理人员提供协作平台，帮助他们利用三维数字模型技术对工程项目进行设计、建造及运营管理。BIM是对工程项目实体与功能特性的数字化表达，其中集成了工程项目各种相关信息。一个完善的BIM模型，能够在项目全寿命期内共享、使用模型信息。BIM一般具有以下特征：

1. 可视化

对于BIM来说，可视化是其中的一个固有特性，可视化即“所见所得”的形式。BIM的工作过程和结果就是建筑物的实际形状，加上构件的属性信息和规则信息。在BIM的工作环境里，由于整个过程是可视化的，所以，可视化的形式、结果能够为交流和展示提供极大的便利，更为重要的是，工程项目设计、建造、运营过程中大量的技术、管理问题，需要进行沟通、研讨并最终做出决策，这些都要在可视化的状态下进行。

2. 协调性

项目参与方较多，各参与方围绕项目建设进行协调工作。传统建筑生产组织方式是项目设计或者施工过程中遇到问题，即召集各参与方查找原因和解决方案，进行设计变更。BIM常用的碰撞检查功能可以提前发现问题，使问题在设计阶段就得到解决。

3. 模拟性

模拟性不仅指能模拟设计出的建筑物模型，还可以模拟无法在真实世界中预演的事情。在设计阶段，BIM最基本的优势在于可以对设计上需要进行验证的一些部位或过程进行3D模拟实验，例如，空间结构性能模拟、装饰艺术美感模拟、通风采光气流模拟、紧急疏散防灾模拟、热能传导效率模拟等；在招标投标阶段可以进行4D模拟（基于3D模型加项目进度控制）、技术与经济方案模拟，直接生成合同结构、项目范围和项目目标；在施工阶段，可以进行5D模拟（基于4D模型加项目成本控制），根据施工组织设计模拟实际施工部署、工序立体交叉作业、施工安全防护，从而确定经济合理、安全高效的施工方案，还可以实现工程项目成本的实时控制，即工期推进与成本控制是同步的；在运维阶段，可以协助查找产生问题的部位，模拟维修过程，模拟紧急情况下应急预案的有效性，例如，火灾、地震发生时人员疏散模拟等。

4. 优化性

事实上，工程项目建设的全寿命期是一个不断优化的过程，并且可研、设计、施工、运维每一个阶段都可能存在不断优化的空间。当然，项目全过程优化可以通过多种途径实现。但借助于BIM基础上的优化可更简捷、更精确。一般而言，项目全过程优化受到三大要素的约束，即信息准确、复杂程度和必要时间。只有准确的信息才能做出精确的优化结果。在工程项目实施的各个阶段，BIM提供了工程项目的真实信息，包括组织信息、技术信息、标准信息、经济信息、管理信息、法规信息。由于项目技术与管理人员本身能力的限制，无法掌握具有较高技术、结构复杂程度工程的海量信息，必须借助外部现代技术和设备的帮助。随着现代建筑产品及其建造过程的复杂程度不断加大，日益超出项目人员有限的能力所及范围，BIM及其他一系列优化技术、方法、工具提供了对复杂工程项目进行全面优化的可能性。

6.3.2　BIM技术的平台作用

BIM的精髓在于模型和信息，3D模型是信息的载体，信息是模型的核心，信息依附于模型，模型是信息的展现形式，因此，BIM模型中的信息才是模型所要展现的内容。同时，BIM贯穿于整个项目的规划、设计、施工和运营的全寿命期，因此，全寿命期的项目参与者都可以通过统一模型来共享信息、协同工作。BIM技术的信息处理功能为解决精益建造信息断层、信息处理等难题提供了有力工具。BIM与精益建造融合关系如图6-1所示。

从图6-1中可以看出，BIM为精益建造理念下的并行工程、拉动式JIT、价值管理、团队合作等多方面提供技术支持，为精益建造提供信息平台。

1. 为并行工程的实施提供平台

在精益建造过程中，并行工程的优点在于能够同时展开项目可研、采购、设

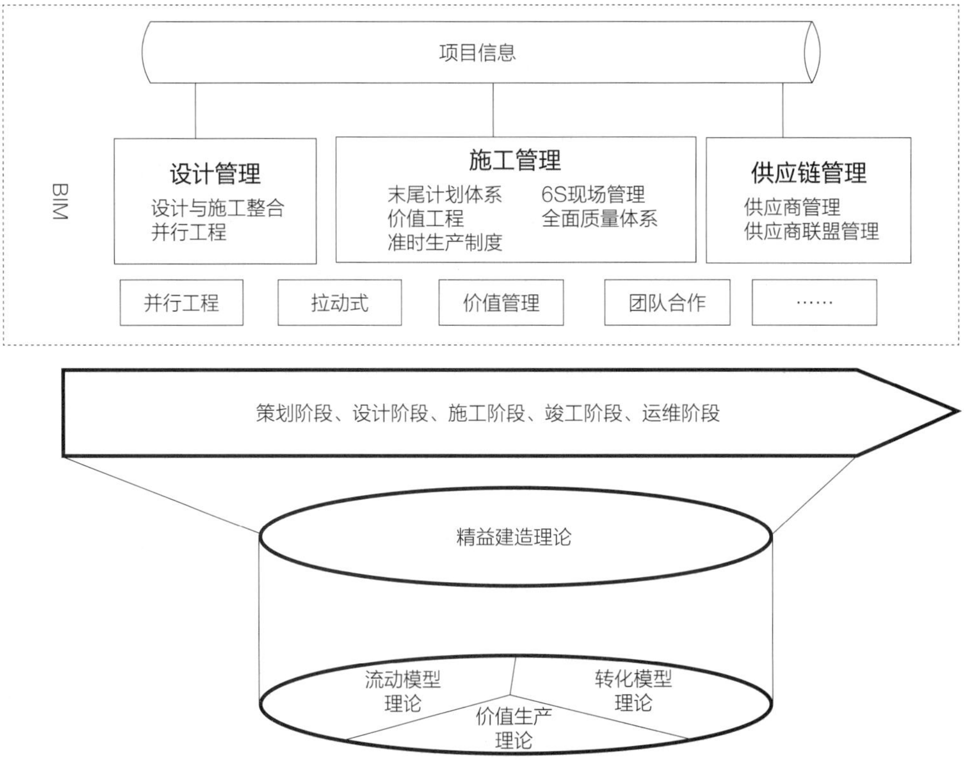

图6-1 BIM与精益建造融合关系图

计、施工、销售等相互关联的多项工作，以最短的工期、按业主方要求交付建筑产品。这个过程必然要求在扁平化的组织和信息系统平台上，各阶段主体的不同专业人员相互协作、共同工作，各项工作之间可视化、透明化，实时交流反馈工程进展、资源配置、过程状态、成本费用等信息，共同研究问题和提出解决方案。方案一旦确定，负责劳动组织、材料与设备采购、施工技术的各部门都可以同时得到与方案相关的信息，进而按要求履行相应的工作职责，从而大大缩短资源准备、施工组织、技术交底等时间，从而加快工程进度。因此，并行工程实施的基础是信息交流平台。BIM为项目开发方、采购方、设计方、施工方、销售方、运维方提供了全新的信息交流平台，项目参与各方可以直接看见设计成果，获取依附于模型的建设项目信息，及时发现问题，并要求设计单位进行更改，因此设计成果更为精确。

2. 通过碰撞检查减少设计变更

目前，在建筑行业中，设计变更十分常见，设计变更也给建筑业带来了巨大浪费，甚至一些施工单位低价中标后，通过设计变更实现自己的利润目标，这种现象十分不正常。BIM通过预先在电脑上模拟项目的建设过程，及时发现专业的设计中存在的碰撞点，在施工前就完成设计变更，减少施工完成后再对项目进行的更改。同时BIM也可以实现对项目建设的提前预演，以便尽早发现问题、及时更改，实现项目建设精益理念。

3. 消除工程建造过程的浪费

资源浪费是我国建筑业的痼疾，而在现代可持续发展的要求下，建筑业面临的节能减排、消除浪费的压力进一步增大。通过BIM可以减少建筑业中的浪费现象。如通过设计阶段的能耗分析，可以发现建筑节能设计方面的缺陷，以及时改进设计。在施工阶段，可以通过BIM的模型数据，与供应商确定准确的资源需求，减少浪费。还可以通过协同多个工序的进度或空间位置，消除或减少等待、停滞、窝工等方面的浪费。

4. 提升客户价值

项目建设的主要目的是实现项目的价值，通过价值工程分析，实现成本与价值的提升，达到加快进度、节约成本的目的。但是由于各个施工阶段的割裂，项目各参与方通常以自己的价值最大化为项目建设目的，很难实现统一。利用BIM技术平台，各参与方可以根据BIM进行充分沟通，共同为项目价值提升进行努力，达到节约造价、缩短工期和提高质量的目的。

5. 为项目团队合作交流提供平台

精益建造理念要求实施并行工程以达到降低浪费和提升价值的目的，实施并行工程就要求项目参与方以团队的方式进行工作，团队合作是精益建造的关键技术之一，实现团队协作的基本前提就是实现项目团队的信息共享。BIM不仅是一个数据库，BIM的核心是信息，BIM包含了一个含有丰富数据信息的信息库，需要涵盖整个项目全寿命期和所有项目涉及的专业信息，利用BIM三维可视化的平台和数据共享的特点，在整个项目团队中进行数据交换，构成了整个团队交流合作的平台。

6. 为供应链管理提供技术平台

精益建造的一个显著特点是准时生产（JIT），“零浪费”是精益思想的终极境界，这是一种以零库存或者最小库存为追求目标的生产组织与管理系统，其基本要求是“只在需要的时间，按需要的数量和质量，生产所需的产品”。准时生产方式通过对建筑供应链的管理，消除材料设备的供货延迟、施工现场的停工待料等浪费现象。BIM对于建筑模型的模拟和优化，实现了建筑信息的集成化、共享化，供应链管理者可以根据附着于建筑模型的材料设备需求信息安排货物采购供应，满足准时生产对各类资源供应的要求。

精益建造是先进的建筑产品生产与管理理念，核心要求是降低没有价值的施工生产活动，追求零浪费、零库存、零故障、零缺陷，提高管理效率，创新项目价值。精益建造理念的实现要求及时准确地处理各种项目信息，对并行工程、消除浪费、价值提升、团队协作、准时供应等方面的任务不断进行精准化提升。BIM是以模型为载体、信息为核心的最新建筑技术，BIM所具有的强大而准确的项目信息功能，为项目信息交流和协同工作提供了平台，降低了项目建造过程可能出现的错误和设计变更，促进了精益建造理念和目标的实现。

6.4 数字化精益建造管理平台功能

以数字化驱动精益建造是发展方向，许多企业为此进行了创新性探索。本节以广联达科技股份有限公司（以下简称广联达）提供的数字项目管理整体解决方案为例，解构数字化精益建造管理平台结构和功能。

6.4.1 数字化精益建造管理平台简介

数字化精益建造管理整体解决方案包含“一个平台和N个应用”。一个平台指的是数字项目管理平台，包含技术中台、数据中台和业务中台，是驱动施工企业数字化转型的核心引擎，该平台建立在BIM、IoT（Internet of Things，物联网）、大数据和AI（Artificial Intelligence，人工智能）四大关键技术之上。

BIM技术是指基于广联达自主研发的图形平台而建立的IGMS、BIM5D、BIMFACE等BIM接口、模型关联成本和进度，以及基于BIM模型二次开发等各种BIM应用技术；IOT是广联达自主研发的物联网平台——筑联平台，可以接入施工现场上百款主流硬件设备；大数据是指项目数据中心提供项目层的全部数据，并提供数字资产管理、数据服务管理和数据智能处理服务；AI方面是广联达AI平台联合华为AI技术从现场图片影像中提取关键信息并进行分析应用。

N个应用是指一套开放给客户和生态伙伴的应用系统，它兼容应用、开箱即用，包含了BIM建造、生产管理、劳务管理、安全管理、质量管理、物料管理、商务管理等业务管理场景（图6-2）。根据具体需求，平台和应用模块之间可分可合，也可以连接第三方应用软件。

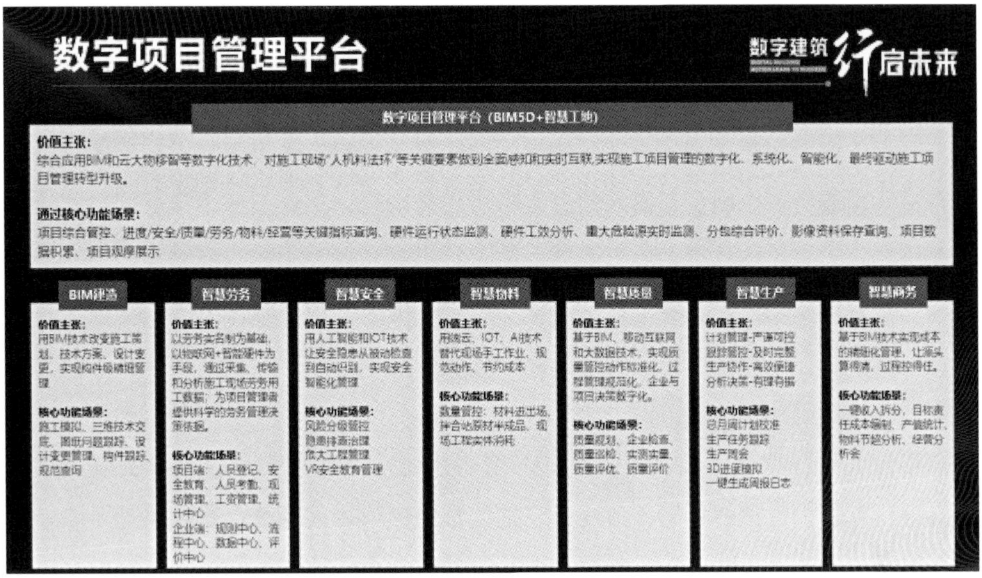

图6-2 数字项目管理平台示意图

6.4.2 数字化精益建造管理平台的结构

精益建造关键指标通过直观的图表形式统一呈现，智能识别风险并及时预警，问题追根溯源，从而让项目实现数字化、系统化、智能化，为项目经理和管理团队打造一个内外兼修的项目智慧大脑，实现施工作业的数字化、管理的系统化和决策的智能化。通过数字技术形成项目数据中心、管理中心和决策中心，并在此三个中心的基础上实现施工项目全面数字化，最终让传统粗放式的管理迈向工业级精细化管理。

1. **数据中心**

通过广联达的筑联平台，实现不同品类、不同厂家的硬件设备一站式链接，集成数据采集，形成项目数据中心，做到施工现场实时感知，让项目管理者便捷、全面地掌控项目进展。

2. **管理中心**

基于广联达施工管理业务积累以及一系列的专业管理软件和BIM技术，围绕业务形成项目管理中心，实现精细化管理。

3. **决策中心**

基于现场数据、管理活动数据和历史数据，通过大数据和AI技术形成智能决策中心，辅助管理者做出经营决策。

6.4.3 数字化精益建造解决方案的价值

项目管理数字化解决方案为施工企业带来的价值可以总结为：

一是作业数字化，利用数字化技术，全面覆盖现场施工员、技术员、质量员、安全员、预算员各个岗位，实现信息实时传递与留存，保证工作结果有据可依的同时，还能收集到工地现场的所有数据，使管理更加立体，全面实时感知；

二是管理系统化，筑联平台全面接入施工现场的塔吊、施工电梯等多种设备信息，并将作业在线数据按照不同的管理维度抽提给项目部的各级管理层，实现统一数据标准，达成业务动态协同；

三是决策智慧化，数字项目（BIM+智慧工地）平台使先进技术真正应用到项目管理，有利于数据的存储、清洗、分析，帮助决策合理高效，及时预警风险。

同时，该解决方案也在实现数字项目管理后为合作伙伴赋能：一是技术赋能，与合作伙伴共享数字化技术，共同创建生态化解决方案；二是营销赋能，助力合作伙伴规模化推广；三是资金赋能，新金融+产业创投基金，推动互联网+建筑领域创新性发展。

6.4.4 数字化精益建造解决方案的功能

1. BIM为拉动式准时化提供协同“施工看板”

BIM可视化、模拟性特征为项目策划与实施阶段，提供全生产要素呈现及管理的作业看板，提高项目全参与方的协同效率。项目进度计划编制、项目实施、项目各工序作业前，基于BIM虚拟建造拉动配套资源计划投入，同时验证计划的合理性，及时优化各个专业之间的管理协作力，包括技术、商务、物资、劳动力、质量安全、机械设备等领域，计划拉动任务标准化，满足后续任务的要求，从而实现后序任务拉动前序任务，实现价值最大化；施工过程中，项目的实际进度及时、准时化地反馈到BIM模型，项目管理层可以实时清楚地掌握当前进度是否出现进度偏差、待解决问题的处理进程，同时准时地组织每个建造施工环节，使得施工工序有序进行，追求实现间隔时间为零的状态，既不延迟、也不提前，实现任务衔接的柔性化、合理化，实现浪费最小的目标，确保所需资源在正确时间准时地投入与配合；BIM全面的计划模拟以价值为驱动，实现工作任务的工序化、流程化和价值化，通过全面的计划控制体系，以客户需求为导向，实现拉动式、准时性地全面精益生产管理，从而实现团队的高效协同，提高工作效率，并减少不必要环节的浪费（图6–3）。

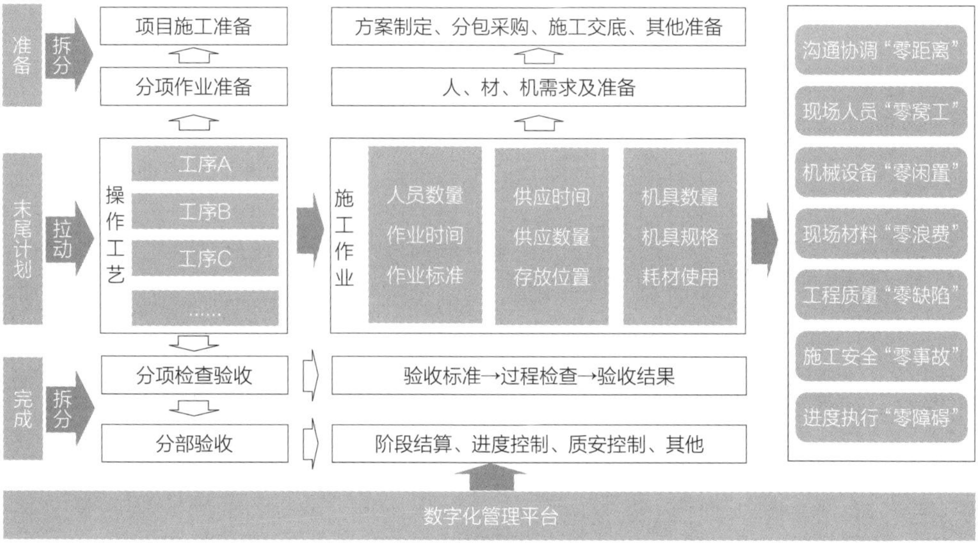

图6-3 数字化管理平台流程

信息高效流通和资源共享是末尾计划者技术得以应用的前提。BIM技术为推进末尾计划者技术提供了信息平台与技术支持，将大大提高最后计划者计划的可操作性，同时BIM技术可以实现资源的动态管理和施工模拟，深入执行末尾计划的拉动式流程。

2. BIM为团队工作提供协同平台

精益建造要求项目的所有参与单位和人员加入项目的全过程管理中，全面高效协调各主体之间的工作关系同样是重要的工作，精益建造采用团队协作来处理各参与方的关系，团队协作要具备协同办公、无信息孤岛、项目协同和人员信息共享的作业平台，而基于BIM技术正是这样一个工作平台，BIM技术通过与“云大物移智”等技术相结合，为团队协作提供了高效协同工作的平台，与此同时，BIM技术可以将项目的各个分部、分项工程、工作流程，甚至是工艺流程的每一个步骤都纳入BIM模型中，这种应用使BIM成为团队协作的重要协同平台与工具应用。

3. BIM为并行工程高效落地

并行工程顾名思义是从项目的策划开始就考虑到项目施工全过程的各阶段管理因素，BIM技术作为信息集成载体，可以集成项目建造过程的各类生产与管理信息，基于BIM的信息管理平台可以便捷地让项目全参与方对建造过程相关信息进行收集、处理、分析、优化，因此BIM可以为并行工程的实施提供信息管理平台，各部门间能够进行合理、必要、有效的信息交流，各项目参建方也可将有效的信息及时反馈到管理平台，使项目各参与方对项目发展进行实时掌控，很多工作同步展开的同时可提高效率，大大缩短项目周期，同时BIM也为并行工程的实施提供技术支撑，在施工阶段进行施工模拟、优化施工方案、作业交底、变更管理、质量安全管控和成本控制，以追求项目管理实现零浪费、零缺陷、零事故、零污染等管理目标的目的。

4. 全面质量管理与BIM的协同应用

以BIM为载体，集成不同层面的质量控制标准、施工工艺要求、验收标准等规范文件，为过程的质量控制提供重要参考。施工各阶段的质量管理目标与不同层级的拉动控制计划相对应，可以在看板管理中呈现，让管理人员和作业人员对每天的任务有清晰的认识；基于BIM的看板管理，给项目全员的施工过程质量控制提供了高效的协同平台，通过全员对每个环节的严格把控，不断缩小质量控制的范围和提高质量标准的要求，让质量管控人员在不同阶段负责不同质量计划的制定、施工过程监控、部分工程的验收等环节，加强各业务领域负责人之间协作和沟通，致力于项目整体质量的提升；精益建造的质量管控是基于末位计划理论和BIM技术的结合，看板基于BIM的模拟性和协同性实现每个层级质量控制过程的可视化，随时利用BIM数据库信息、资源情况与进度要求优化质量计划与实施的内容，达到持续改进质量目的，可视化的控制过程也节约了质量控制的成本。

通过全面质量保证体系的建立与BIM相结合，以生产作业并行保证施工质量，将工作任务工序化、标准化、流程化，实行全方位、全过程、全参与方的全面质量管理，以实现质量管控水平先进、质量缺陷降低的目标。

第7章

精益建造与新型建造方式的融合

7.1　新型建造方式概述

在全球科技革命的推动下，一系列重大科技成果以前所未有的速度转化为现实生产力。以信息技术、能源资源技术、生物技术、现代制造技术、人工智能技术等为代表的战略性新兴产业迅速兴起，现代科技与新兴产业的深度融合，对未来经济社会发展具有重大引领带动作用。新型建造方式是随着当代信息技术、先进制造技术、先进材料技术和全球供应链系统与传统建筑业相融合而产生的，新型建造方式是现代建筑业演变规律的体现。

7.1.1　新型建造方式的概念

最初提出新型建造方式是针对装配式建筑而言的。例如，2016年2月中共中央、国务院印发的《关于进一步加强城市规划建设管理工作的若干意见》明确提出：发展新型建造方式，大力推广装配式建筑，减少建筑垃圾和扬尘污染，缩短建造工期，提升工程质量。力争用10年左右时间，使装配式建筑占新建建筑的比例达到30%。同年9月，《国务院办公厅关于大力发展装配式建筑的指导意见》（国办发〔2016〕71号）明确了“健全标准规范体系、创新装配式建筑、优化部品部件生产、提升装配施工水平、推进建筑全装修、推广绿色建材、推行工程总承包、确保工程质量安全”8项重点任务，并将京津冀、长三角、珠三角城市群列为重点推进地区。2017年3月，住房城乡建设部连发《“十三五”装配式建筑行动方案》《装配式建筑示范城市管理办法》《装配式建筑产业基地管理办法》，全面推进装配式建筑发展。由于各级政府的行政推动力度大，并且鼓励在财政、金融、税收、规划、土地等方面出台支持政策和措施，引导和支持社会资本投入装配式建筑，因而全国装配式建筑发展势头迅猛。

人们在实践中扩展了新型建造方式的范畴。例如，江苏省于2017年11月3日发布的《江苏建造2025行动纲要》提出，以精细化、信息化、绿色化、工业化“四化”融合为核心，以精益建造、数字建造、绿色建造、装配式建造四种新建造方式为驱动，逐步在房屋建筑和市政基础设施工程等重点领域推广应用新建造技术，更灵活、多样、高效地满足人民群众对建筑日益增长的需求。国内学者吴涛、毛志兵、叶浩文等人较早地开展了对新型建造方式的研究，先后出版了《建筑产业现代化背景下新型建造方式与项目管理创新研究》《建筑工程新型建造方式》《一体化建造》等专著。

因此，本书给出的新型建造方式的定义是宽泛的，即新型建造方式是指在工程建造过程中能够提高工程质量、保证安全生产、节约资源、保护环境、提高效率和效益的技术与管理要素的集成融合及其运行方式。新型建造方式是指在工程建造过程中，以“绿色化”为目标，以“智能化”为技术支撑，以“工业化”为生产手段，以工程总承包和全过程工程咨询为组织实施形式，实现建造过程“节能环保、提高效率、提升品质、保障安全”的新型工程建设方式。从广义上讲，在工程建设中贯彻运用新思想、新理念、新方法、新技术、新材料、新设备、新资源，都有可能衍生新型建造方式。

7.1.2 新型建造方式的基本特征

新型建造方式在技术路径上，通过建筑、结构、机电、装修的一体化，通过建筑设计、构件工厂生产、绿色施工技术的协同来实现绿色建筑产品；在管理层面上，通过信息化手段实现设计、生产、施工的集成化，以工程建设高度组织化实现项目效益。新型建造方式的特征体现在以下几方面：

（1）强调现代科学技术的支撑力量。现代科学技术对建筑业的巨大影响在于推动了建筑结构技术、建筑材料技术、建筑施工技术、建筑管理技术的创新。

（2）强调建筑产品生产工艺和方式的变革。改变传统的现场湿作业的施工工艺，提倡用现代工业化的生产方式建造建筑产品。

（3）强调中间产品的工业化生产。无论是建筑材料、设备还是施工技术，都应当具有节约能源、资源、保护环境的功能。

（4）强调现代信息技术和管理手段的应用。现代信息技术和管理手段是推动新型建造方式的不可或缺的重要力量，特别是建筑信息化将成为建筑产品生产的重要途径。建筑业信息化包括建筑企业信息化和工程项目管理信息化。

（5）强调建筑产品生产的全寿命期集成化。建筑产品的生成涉及多个阶段、多个过程和众多的利益相关方。建筑产业链的集成，在建筑产品生产的组织形式上，需要依托工程总承包管理体制的有效运行。

（6）强调项目经理人才队伍的作用。项目经理是工程建设领域特殊的经营管理人才。在建筑产品生产过程中，项目经理是工程项目的组织者、实施者和责任者，是工程项目管理的核心和灵魂。项目经理对于工程项目的成败、对于促进新型建造方式的应用效果具有举足轻重的作用。

（7）强调新型建筑产业工人对于推进新型建造方式的重要性。在工程项目管理上实行“两层分开”之后，长期以来操作工人队伍建设没有得到应有的重视，工程管理目标的实现依赖于操作工人队伍素质的水平，乃至于出现“成也劳务、败也劳务”的现象。为此，要通过重新打造新时代建筑产业工人队伍扭转这种局面。

（8）强调建筑业所提供的产品应当是满足人们需要的绿色建筑。作为最终产品，绿色建筑是通过绿色建造过程来实现的。绿色建造包括绿色设计、绿色施工、绿色材料、绿色技术和绿色运维。

新型建造方式与传统建造方式相比有很大的不同，主要表现为发展理念不同、目标要求不同、科技含量不同、理论模式不同、管理方法不同、实施路径不同、综合效益不同。新型建造方式以不同的理念、工艺、技术路径和管理模式实现提高工程质量，保障安全生产，降低劳动强度，坚持环保、节约资源、缩短建设工期，提高投资效益。从广义角度而言，新型建造方式是指在工程建造过程中能够提高工程质量、保证安全生产、节约资源、保护环境、提高效率和效益的技术与管理要素的集成融合及其运行方式。

7.1.3　精益建造与新型建造方式的关系

面向未来，在“双碳”目标和建筑业高质量发展背景下，工程建造方式的发展方向是以智能化、绿色化、工业化、精益化的融合为核心，以精益建造、智能建造、绿色建造、装配式建造新型建造方式为主要驱动力。

（1）智能建造方式表现为BIM、物联网、云计算、移动互联网、大数据、可穿戴智能设备等新一代信息化技术在工程建设领域的应用，包括智能策划、智能设计、智能施工，实现建造过程的数字化。智能建造是实现绿色建造的技术支撑手段。

（2）绿色建造方式是将绿色、节能、环保理念贯穿于工程建造设计、施工、运维等全过程，体现为坚持以人为本，在保证安全和质量的前提下，通过科学管理和技术进步，最大限度地节约资源和能源，提高资源利用效率，减少污染物排放，保护生态环境，实现工程建设的绿色低碳化发展。绿色建造是工程建设生产方式的发展目标。

（3）装配式建造方式是来源于施工工艺和技术的根本性变革而产生的新型建造方式。以标准化设计、装配化施工、工厂化生产、一体化装修、信息化管理为主要特征。以装配式建造为代表的工业化建造是实现绿色建造的有效生产方式。

（4）精益建造是指在工程建造中充分运用“精益生产”理念，实现工程建造全过程的价值最大化。

精益建造是绿色建造、智能建造、装配式建造有效运行的管理基石，从管理基础角度为新型建造方式激发能量和活力。这四种新型建造方式紧密联系、相互贯通、有机融合。

7.1.4 精益建造与新型建造方式融合的可行性

精益建造是精益生产在建筑业的应用，是将精益生产的理论和方法应用到建筑过程之中，通过关注价值流动、识别并消除其中的浪费环节，从而实现企业效益最大化。

从理念上看，精益建造是追求建筑工业化过程精益化，用精益管理模式实现设计精益化、制造标准化、物流准时化、装配快速化、管理信息化、过程绿色化等全产业链的精益生产。

从表现形式上看，精益建造是将房屋建造所需的各种钢结构、混凝土构件以及其他构配件等按照类似生产汽车部件的方式，在生产线上连续加工制造，最后在总装线上按照订单要求准时装配完成。这是精益管理模式与建筑工业化深度融合的产物，使“房屋部件”在流水线上流动起来，形成“搭积木式”建造房屋的过程。

实践证明，实施精益建造的企业在效率与效益上都有较大提升。

7.2 精益建造与绿色建造的融合

7.2.1 绿色建造的内涵

绿色建造是按照绿色发展的要求，通过科学管理和技术创新，采用有利于节约资源、保护环境、减少排放、提高效率、保障品质的建造方式，实现人与自然和谐共生的工程建造活动。绿色建造统筹考虑建筑工程质量、安全、效率、环保、生态等要素，坚持因地制宜，坚持策划、设计、施工、交付全过程一体化协同，强调建造活动的绿色化、工业化、信息化、集约化和产业化的属性特征。

绿色建造是在绿色建筑和绿色施工等概念的基础上提出来的，其内涵有多个维度的诠释。

（1）绿色建造追求产品及过程的高质量水平，不断推动建筑产品向高性能建筑升级，更好地满足人民群众对绿色宜居住房的生活需求，并尽可能高效地利用资源保护环境。

（2）绿色建造强调不断推动工程建设绿色元素的普及，推动从环境无害的建筑到生态文明的建筑，在未来不仅要关注工程建设活动本身的绿色化，还要追求对一定范围的生态系统产生的积极影响。

（3）绿色建造从建筑产品全寿命期的视角出发，以全面可持续发展的理念为指导，统筹考虑建筑产品的安全、质量、功能、成本、进度、环境、品质的目标，对建造活动进行系统化的策划和实施，从而实现建造效果的整体最优。

（4）绿色建造可以带动全产业链建造水平的提升，包括绿色设计、绿色施工、绿色建材、绿色工装等产业链环节，涵盖了人、机、料、法、环等全部产业链的要素，有机融合了工业化建造技术等硬件手段、智能建造技术等软件手段和绿色建材等物质基础，并推动工程建造方式向一体化建造方式转型。

（5）绿色建造追求的是环境友好、资源节约、生态文明、品质保障、人文归属，其基本的理念是突出以人为本，体现人对自然的尊重以及与生态、环境的协调，注重从人的感受、健康和需求出发，提升建筑品质定位，将打造高品质的人与自然和谐的建筑，与城市和文化融合的人类生存空间，作为人们的核心价值追求。

绿色建造的目标就是要打造绿色建筑，并倡导绿色产品和绿色过程的有机统一。绿色建造兼顾了建筑的安全性、生态的可持续性以及人居环境的提升。绿色建造是工程建造的终极要求，也是中国建造的本质要求。

7.2.2 精益建造与绿色建造的融合发展

精益建造更强调面向工程项目全寿命期进行动态控制，持续改进和追求零缺陷，减少和消除浪费，缩短工期，实现利润最大化，把完全满足客户需求作为终极目标。

1. 精益建造有利实现绿色低碳建设目标

统计资料表明，建筑施工现场有100余种浪费现象，消除这些浪费现象能够显著改进资源利用效率、降低施工成本。把精益建造原理、方法应用于绿色建造过程，有利于实现建筑产品建造过程的资源利用效率，压减建筑垃圾的产生，极大地减少环境污染，实现绿色低碳建设目标。

2. 精益建造有利于促进建筑业绿色发展

相对于传统的工程建造模式，以精益建造为基础的装配式建筑、智能化建筑具有绿色环保优势。准时化、标准化的建造过程不仅有利于节约能源资源，还能减少建筑垃圾和环境污染。按照持续改善、减少浪费的精益理念，精益建造能够进一步消除设计、采购、制造、物流和装配等环节的浪费情况，显著地节能、节水、节材、节约劳动力。因此，精益建造过程也是推动建筑业绿色发展的过程。

目前，在"双碳"目标约束政策背景下，绿色建筑产业链没有形成战略协同关系，研发、设计、生产、施工一体化技术及其协同能力欠缺，各自利益诉求重点不同，围绕建筑垃圾的绿色化处理没有形成规模化产业化集聚。绿色建材推广应用成本较高，用户实际体验感效果不佳。精益建造与绿色建造的融合发展具有很大的空间。

7.3 精益建造与装配式建造的融合

7.3.1 装配式建造的内涵

装配式建造方式是典型的工业化建造方式。工业化建造是指以提升建筑业建造质量、效率、安全和环保水平为目标，借鉴工业产品社会化大生产的先进组织管理方式与成功经验，以设计施工一体化、部品生产高度工厂化、施工现场高度装配化、建造管理全过程高度信息化与智能化为特征，对传统建造方式在技术与管理各方面进行的系统化持续改进和变革的新型建造方式。

装配式建筑建设周期短、质量好、机械化程度高、劳动力用工少、环保性强的优势，自从2015年中央城市工作会议和《国务院办公厅关于大力发展装配式建筑的指导意见》（国办发〔2016〕71号）发布实施之后，全国装配式建筑呈现快速发展态势，各地区装配式建筑政策措施支持力度大，产业发展基础好，形成了良好的政策氛围和市场发展环境。从装配式建筑总量来看，2021年已经达到7.4亿m^2。展望未来，我国新建装配式建筑面积还将呈现高速增长趋势。

从传统的“设计—现场施工”模式转变为“设计—工厂制造—现场装配”模式，装配式建筑颠覆传统建筑施工工艺和理念，引发建造方式的革新。装配式建造有助于推动生产方式转型升级，是实现绿色建造、智能建造、精益建造以及推行工程总承包、全过程工程咨询工程建设组织实施模式的有效载体。

7.3.2 精益建造与装配式建造的融合发展

正是由于装配式建造方式具有标准化设计、装配化施工、工厂化生产、一体化装修、信息化管理的特征，精益建造能够推动以装配式为代表的工业化建造达到工业级精度水平，以精益建造实现建筑业全产业链工业化。

推行精益建造要将整个建造过程中的设计、采购、制造、物流和装配等环节有机结合起来，促使全产业链中的物料流、信息流、资金流、人员流、工作流和时间流快速流动起来，在保证质量、工期等目标实现的同时提高企业收益，实现建筑业全产业链工业化。

装配式建筑要求整个产业链从规划、设计、生产、运输到施工的所有环节进行再造和重新标准化设计，其流程管理也需要有大数据、物联网技术及移动应用等技术的支撑。但是，目前有不少建筑企业将施工过程看成一系列单独施工行为的组合，却很少从整体上设计施工流程，特别是各施工环节之间的衔接与配合。正因为如此，即使是建筑工业化发展得比较好的一些建筑企业，也不注重在建筑设计、构件制造、物流和装配等全产业链提高实现建筑工业化的能力，大多只是在自身具有优势的某些环节开展建筑工业化。

应该看到，就行业整体而言，还存在建筑工业化的产业链不完备，构件同质化现象趋于严重，系列化和标准化不能满足市场需求，标准规范和技术体系不完善，建筑产业链上下游（开发、设计、施工、建材）之间集成不够，资源整合不充分等现象。由于长期分割的投资建设管理体制，使得设计、施工和工厂化生产难以协同，设计机制无法融合施工工艺、制造技术和材料选择。装配式建筑的装配率较低，工厂生产和实际施工之间脱节，装配式结构和拼装的关键技术不成熟。产业技术工人队伍不稳定，掌握BIM、信息技术、数字化和智能化设备的产业工人和基层技术人员缺乏，产业技术工人核心技术能力不强。这些影响因素必须系统地革除，这也是在装配式建造领域融合发展精益建造方式要面对的问题。

7.4 精益建造与智能建造的融合

7.4.1 智能建造的内涵

智能建造是随着新科技革命与新产业革命深入发展而形成的一种新型工程建造方式，是建立在高度数字化、工业化、集成化和社会化基础上的一种信息共享、全面物联、协同运作、激励创新的建筑产品生产方式。简言之，智能建造是建筑产品的数字化生成过程的建造活动。

相对于原始的建筑设计与施工方式，智能建造采用BIM、数字化设计等新的设计手段，装配式施工等高效的建造方式，具有巨大的优势：运用大数据、数字化设计、BIM等设计手段以及装配式等施工手段来高效地完成方案的设计与施工，提高工程建造过程中的智能化技术应用水平，提高建筑设计和施工的效率，实现建筑业的可持续高质量发展。

智能建造利用数字化平台集成了建筑产品的方案设计、构件生产、现场施工等全寿命期各阶段的高效整合和优化建造过程。

从建设项目全寿命期角度，智能建造覆盖建设单位、设计单位、施工单位、监理机构、咨询机构、供应商等利益相关方。从业务流程上，智能建造覆盖岗位层、项目层、企业层。从管理要素上，智能建筑覆盖设计管理系统、施工进度管理系统、施工成本管理系统、施工质量管理系统、施工安全管理系统、项目采购管理系统、相关方管理系统和项目运维信息支持系统。

新一代信息技术的快速更新换代，为实现智能建造的推广和应用提供了坚实的基础和支撑条件。智能建造的出现是新科技革命和新产业革命的交汇发展在工程建设领域的体现，也为建筑业追求产业升级转型、谋求长远可持续发展提供了智力支持。

7.4.2 精益建造与智能建造的融合发展

（1）在智能技术快速应用的过程中，精益建造思想、理念及其关键技术，则为智能建造的更新迭代和大范围推广提供了持续的驱动力。

（2）智能建造的应用需要精益建造系统支撑其运行的机制和数字技术高效使用的平台载体。通过对BIM、物联网、区块链、人工智能等数字信息技术和资源的集成与融合，推动智能建造体系不断优化升级。

（3）随着以BIM技术为代表的信息技术应用逐步成熟，以信息网络、智能设备与BIM的融合应用而构成的“数字化精益建造管理平台”成为工程项目建设的主流方式。

从工程建造产业链来看，在BIM、大数据、物联网、人工智能等新一代信息技术的加持下，工程建造从设计、施工到运维的数字化转型持续加快，为精益建造提供了更广阔的应用领域。

第8章

精益建造管理实践案例

8.1 中建三局精益建造模式实践案例

8.1.1 推行精益建造背景和发展历程

1. 推行精益建造背景

精益建造是一种面向建筑产品全寿命期，持续地减少和消除浪费，最大限度地满足顾客需求的系统性方法。中建三局敢为天下先，与时俱进，立足管理创新、技术创新，引入精益建造理论，探索建筑工程新模式，于2016年将“精益建造”定位为“十三五”发展战略的重点，明确推进路径。

（1）精益建造是中建三局的战略发展要求

2018年，中建三局工作会工作报告中指出，要全面总结万科云城模式，加大对精益建造实践研究；中建三局第六次党代会明确指出，“始终把履约能力作为最突出的核心竞争力，大力推行精益建造，积极培育与国际接轨的工程总承包能力，致力优质履约、均质履约，成为客户首选。”

（2）精益建造是应对市场环境的客观需要，是企业自身发展的必然选择

随着时代的进步，客户对高品质期望越来越高，市场竞争力越来越激烈，品质保障，价值创造，开展精益建造，实现提质增效既是应对市场变化的客观需要，更是未来开拓争先、提升企业整体管理能力的必然选择。

2. 推行精益建造发展历程

（1）在公司层面分为两个阶段横向拓展

第一阶段从房建业务开始，生产履约先行，构建中建三局特色精益建造模式。第二阶段进行双向拓展，一方面将精益建造模式向公路、市政等业务领域拓展，另

一方面以生产履约为中心向设计管理、招标采购管理、报批报建等业务板块拓展，促进企业品质履约、均质化履约，支撑企业转型升级。

（2）在项目层面分为三个阶段纵向深入

第一阶段在深圳万科云城项目进行精益建造实践，打造精益建造标杆项目。第二阶段深入总结深圳万科云城精益建造项目管理成果，在深圳分公司进行推广试点。第三阶段系统总结项目精益建造实践经验，形成操作指南，指导项目生产履约，打造各具特色的精益建造标杆项目，在全工程局范围内开展标杆项目比武竞赛，促进品质提升。第一个三年行动蓄势待发，着力打造企业精益建造核心竞争力，以此作为发展战略提升的重要引擎。

（3）推进精益建造的重要里程碑

2016年打造"云城模式"。在深圳万科云城开展"云城模式"试点，借鉴日式管理，倡导策划先行，围绕三级节点计划、工序穿插和两图融合等核心内容进行试点总结，逐步形成以精益建造思想为内涵、先进管理技术方法为核心的优秀项目管理模式，并持续推广至深圳分公司更多项目开展试点，总结完善管理经验。

2017年将精益建造理论成果化、制度化。公司相继出台《一体化施工技术》《住宅项目工序穿插施工技术》等相关指导文件以及《精益建造（生产）评价标准》和《精益建造（计划与质量）工作指南》考核评价体系，正式形成实施面上有指引、管理线上有考核的精益建造框架体系，经过十几期项目经理轮训，逐步向项目经理及项目管理人员渗透精益建造理论与制度体系，为精益建造推广、复制打下坚实基础。

2018年搭建"LC5S"精益建造特色体系。在高质量发展思想指引下，结合工程局全面推广一公司精益建造、总结云城模式要求，紧跟市场发展方向，将精益建造体系升级为优质、快速、绿色、智慧、低成本五位一体的"LC5S"精益建造特色管理体系。依托"推精益 创标杆 提品质"活动将精益建造体系深入推进，打造出46个公司级+37个分公司级标杆项目，助推企业保质保量迈上500亿元产值平台；第三方评估屡斩佳绩，促进企业战略合作更上台阶。编制了工程局《中高层住宅工程精益建造实施指南（1.0版）》。

2019年是体系升级年。首要任务是完善体系，多系统联动完善智慧建造、绿色建造等方面实施内容和工具方法，出台精益建造实施指南"LC5S"2.0版。立足主业，适度多元，坚定不移巩固房建主业优势，加大精益建造推广力度。新开住宅工程100%按照精益建造要求开展策划、实施，所有在建项目一体化施工、"两图融合”、三大样板、工序穿插整体实施率不得低于60%；坚定不移做强做优多元业务，在厂房、基础设施、海外等领域试点快速、优质、绿色、智慧建造，在EPC领域试点精益建造，适时进行经验总结。

2020年是提质增效年。在住宅工程领域，通过全面实施精益建造提高产品质量，降低工程成本，所有项目平均工期节省10%～20%，成本节约和效益创造占总成本的1%～3%，发挥出精益建造实质效益。在厂房、基础设施、海外、EPC等领域打造30%以上的标杆项目，塑造多维度品牌效应，助推多元化业务市场的拓展。

2021年是精益建造标准化、信息化年。推进精益建造能力与信息化高度融合技术，住宅、厂房、基础设施、海外、EPC等精益建造管理链条流程化，应用物联网、信息系统、BIM等信息化平台，固化精益建造标准动作及表单，实现全面、高效的可复制性推广。搭建精益建造考核体系，坚持结果导向，规范过程行为，充分发挥考核机制的度量尺作用，引领人均效能提升，追求“六个零”（“零窝工”“零返工”“零缺陷”“零事故”“零浪费”“零投诉”）精益建造目标，支撑企业高位、高速、高质量发展。

2022年以来，持续改进和完善“LC5S”精益建造体系（图8-1），不断升级精益建造实施指南版本，普及精益建造实施范围，以绿色化、智能化、工业化提高精益建造水平，推动绿色低碳和高质量发展。

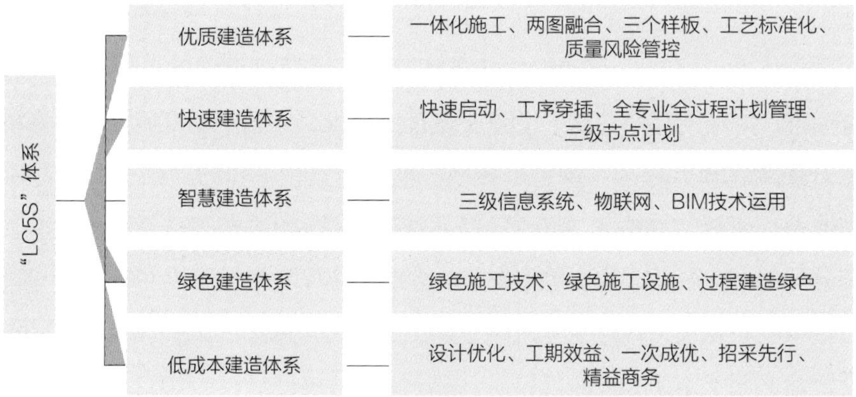

图8-1 “LC5S”精益建造体系示意

中建三局的实践证明，精益建造是行之有效、符合企业快速多元发展需求的科学系统性管理方法。“LC5S”精益建造体系致力于实现现代化、精细化的生产方式。致力于打造覆盖全业务（住宅、公建、电子厂房、基础设施、海外），涵盖全过程（设计、招采、施工）、涉及全专业（土建、安装、园林、幕墙、精装修）的精益建造能力。致力于推进“七提一降一保障”，即提升项目策划质量与执行率，提升快速建造和优质的产品，提升绿色施工技术的研发与推广，提升智能化管理的高效平台，提升设计延伸和招采前置的价值创造，提升分供方资源支撑力度，提升新兴业务履约服务水平，降低工程整体建造成本核心目标，落实安全生产监督体系有效运行基本保障。致力于实现全面履约和全面满足客户需求。

多年来，中建三局深耕精益建造体系建设和实践，已成为企业争先文化重要组成部分。精益建造体系在品质提升、降本增效、标杆引领及促进管理升级方面取得初步成效，广大员工充分认知实施精益建造为企业形成的优势和品牌效应。

8.1.2 精益建造体系的核心内容

1. 精益建造管理目标

用精益建造的方法，减少多余工序、减少工作面闲置、减少资源浪费、提高一次成优率，减少一次性措施投入，追求达到“零浪费”“零库存”“零缺陷”“零事故”“零返工”“零窝工”的目标。

2. 精益建造核心内涵

（1）通过设计优化，减少多余工序，提高工程品质。

（2）通过工艺优化，提高一次成优率，减少质量缺陷。

（3）通过措施优化，提高施工措施安全可靠性，减少多余资源投入。

（4）通过工序合理穿插，控制关键工期节点，减少工作面闲置。

（5）通过系统性合约规划，融合优质资源，消除无效成本。

（6）通过全过程质量管控，降低质量风险。

（7）通过推动项目安全、环境标准化管理，提高资源周转利用效率。

3.《住宅工程精益建造实施指南》的主要内容

该指南的主要包括：总则、设计与技术管理、计划与工期管理、合约与商务管理、质量管理、安全管理、环境管理、考核评价。

（1）设计与技术管理

包括设计优化、工艺优化、措施优化三方面，通过设计优化减少多余工序，满足必要工程品质需求；通过工艺优化，减少质量缺陷，提高一次成优率；通过措施优化，提高施工安全性与便捷性，提升效率。

（2）计划与工期管理

计划与工期管理以满足合同工期节点要求为基础，通过梳理工程做法及交付标准，合理安排工序流程和各专业插入条件，通过工序合理穿插，控制关键节点，减少工作面闲置，消除窝工、返工现象。

（3）合约与商务管理

通过系统性合约规划，整合优质资源，消除无效成本。项目应建立以合约规划为核心的合约管控体系，包括全专业集成的合约框架划分、合约界面梳理，以工程总进度计划和设计计划为依据，提前盘点各项资源进场时间，制定有序招采计划，做到合约内容完整、界面清晰、招采有序、成本可控。

（4）质量管理

质量管理通过全过程质量管控，减少返工造成的浪费，提高一次成优率，降低质量风险，从而达到高品质、高精度的建造要求，实现质量管理的提升。

一是要坚持样板引路制度，以实体样板为依托，明确工序施工要求和质量标准；

二是质量风险识别和防控，减少住宅项目渗漏、开裂等质量通病的发生；

三是开展实测实量，以高精度、高标准约束过程实施，发现问题及时改正，提高项目整体交付质量水平。

（5）安全管理

参照工程局安全管理相关文件和制度执行，推进安全防护设施标准化，提高可周转性、重复利用率，全面应用工程局现场安全防护标准化图册。

通过策划设计优化、工艺优化、同步施工，减少安全隐患。

（6）环境管理

参照工程局环境管理相关文件和制度执行，推动“节能、节地、节水、节材和环境保护”，做到环境保护设施的标准化，提高重复利用率，降低能耗。

（7）考核评价

考核评价针对项目开展精益建造的工作制定考核评价机制，评价内容包含实施计划、实施效果、创新实践三大方面，评价结果作为考核项目实践精益建造工作水平的主要依据，同时也将作为企业层级推进精益建造工作情况的考核依据。

8.1.3 精益建造实践案例分享

1. 工程概况

中建三局一公司承建的位于广东佛山的保利中荷花园项目于2018年4月开工建

设，总建筑面积近10万m^2，包含3栋高层住宅、4栋小高层、11栋别墅、3栋独立商业及地下室。工程要求精装交楼，标准高，工序穿插要求高，合理的组织与协调是达到项目实施目标的关键。

2. 实施过程

项目部以精细化管理为核心，以一体化穿插施工为主线，践行策划先行理念，探索应用先进工艺和工法，打造高端品质工程，坚持做到“精心设计每一张图纸，用心打磨每一种工艺，严格把关每一道工序”，实现“创标杆，提品质、完美履约”的管理方式。

（1）精益计划

合理的工期编排，既能保证项目工期的紧凑，实现工期成本的优化，又能为招采计划编制及实施提供依据，“精益计划”的重要性不言而喻。

建立以项目经理为核心的总承包管理实施层，全面推进“精益建造”工作。根据自身特点及工期要求，项目拟划分为地下室结构、预售节点、结构封顶、装修及机电安装、竣工验收5个阶段，进行统筹安排（图8–2）。

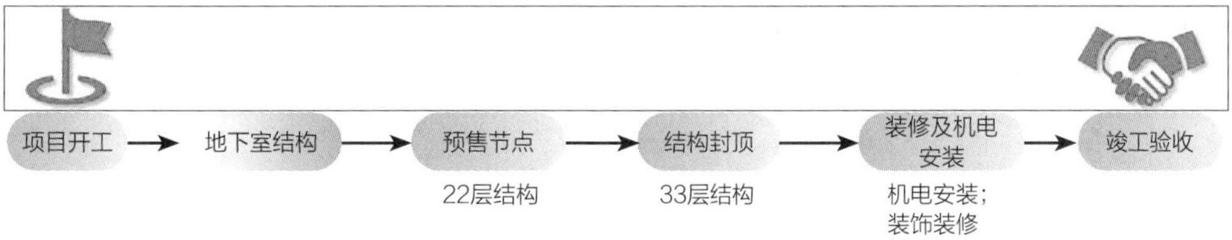

图8-2　精益建造阶段划分示意图

同时，项目部制定工序穿插实施总计划，明确各穿插任务的开始时间和结束时间；建立包含地基与基础、地下室、地上结构、屋面、外墙及室外6个部分的工序穿插模型，系统梳理主要施工工序流程，明晰工序间逻辑关系，对每道工序的前置和后置工序、施工条件（合约、技术、资源、基础）进行梳理，工序穿插进度计划见图8–3。

（2）精益设计

在“精益设计”方面，项目坚持策划先行，深入推进“一体化施工”“两图融合”“大工序穿插”（图8–4）。

通过深化设计推进建筑图与结构图的“两图融合”、一体化施工，减少交叉返工，做到一遍成活、一次成优，有效防治质量通病，降低质量风险。从技术上对可

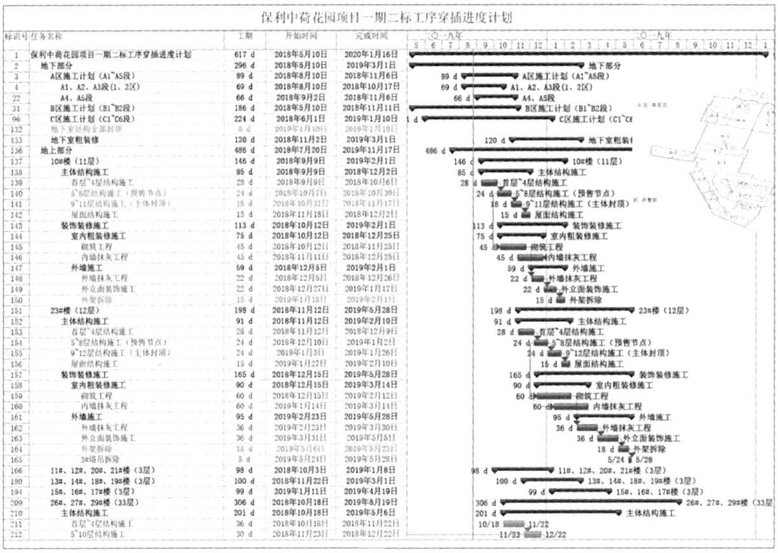

图8-3 工序穿插进度计划示意图

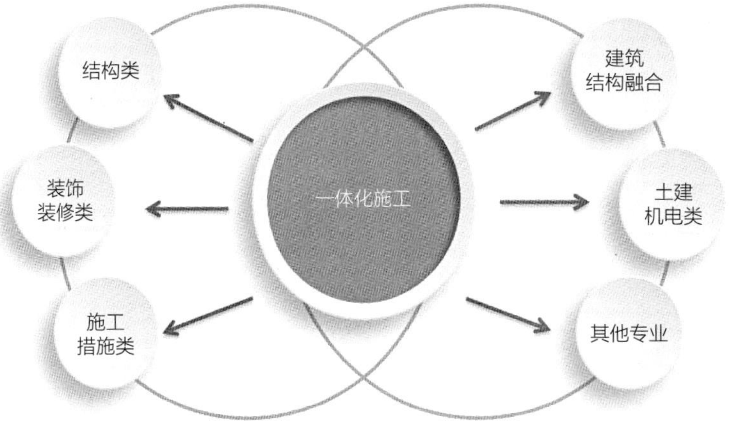

图8-4 一体化施工与大穿插关联图

以融合的做法进行一次性施工，减少专业之间的交叉返工，实现降本增效，以期形成新的核心竞争力。

在传统施工中，出屋面女儿墙、风井、上人孔、烟道口、风道口等通常预留钢筋，后期浇筑。二次浇筑会带来渗漏等隐患，而合理根据图纸规划，安排一体化施工内容，可以有效规避隐患（图8–5）。

在深化设计时，考虑高度小于500mm的结构，以及高度大于500mm的结构其底部300mm高部分采用吊模，与结构一次性浇筑，加强了结构整体性，增强了结构自

内容	木模加固	效果图
出屋面结构	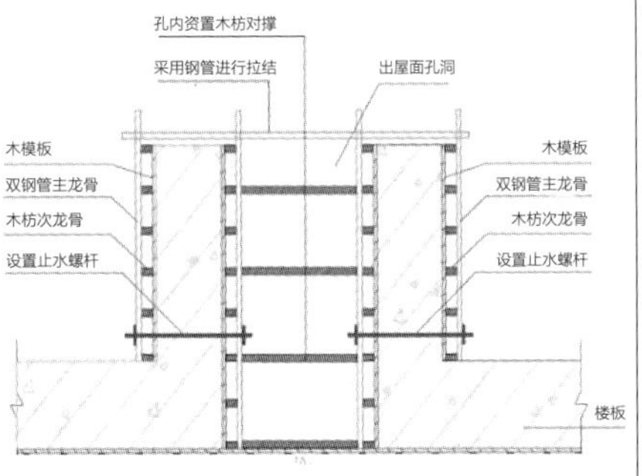	

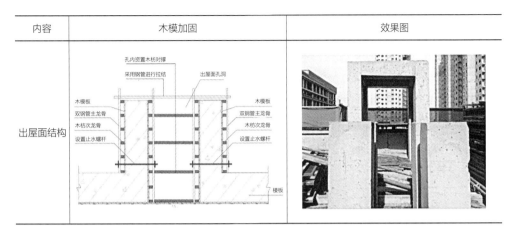

图8-5　出屋面结构施工效果图

身防水，降低了渗漏风险。

诸如此类的“精益设计”，项目还巧妙运用在构造柱、门垛、门过梁、反坎、飘台、滴水线、出屋面结构、抱框柱等地方，结合项目图纸，进行木模与铝模工艺下二次结构深化。

永临结合及措施安排对于项目节约工期、成本同样重要。

在项目实施前期，即开展永临结合策划工作。在设计施工现场平面布置图时，由项目经理牵头确定拟实施的结合点，项目技术负责人组织编制永临结合实施方案，积极联系设计单位，提前确定消防、临时用电、地下室风机等拟实施结合点的施工图纸，并针对设备基础加强、后浇带优化（格构柱支撑体系、断水）等措施安排。

（3）精益工艺

推行标准工艺，结合关键工序及停检点验收提升行为标准确保过程施工质量。

保利中荷花园项目采用铝模、爬架、高精砌体、薄抹灰四大类等新工艺。

1）铝模

本工程3栋高层全部采用爬架，爬架在3层开始组装。

铝模体系具有以下优点：

①安拆方便、成型效果好、混凝土成型达到清水模板混凝土效果，保证垂直度和平整度；

②使用早拆模支撑体系施工技术，提高模板周转率；

③线盒采用膨胀帽固定，水管洞口采用螺杆固定，便于拆除，安装预埋一次成型；

④构件标准化，为二次结构一次施工提供保障。

2）爬架

本工程3栋高层全部采用爬架，爬架在3层开始组装。

采用自升式爬架随主体上升时，外立面、室内也同时向上施工。可缩短工期，提升外立面观感，增加工程整体形象效果。

大规模采用铝模加附着提升脚手架施工体系，加快主体结构施工工效，提升实体质量品质和观感，同时可增加工程整体形象。

3）高精砌体

为给后续薄抹灰施工提供优质的条件，本工程采用高精度砌体，保证砌筑尺寸、垂直度、平整度等。

采用高精砌体，通过前期深化设计、二次排版、管线定位和样板设计，代替传统加气块，垂直度和平整度好，成型好，观感佳，减少后期抹灰量，为薄抹灰工艺创造有利条件，实现技术更迭和绿色环保。

4）薄抹灰

室内抹灰采用薄抹灰工艺，厚度5～8mm。室内薄抹灰施工工艺见图8–6。

图8-6　室内薄抹灰施工工艺示意图

（4）精益质量

应用新型技术、工艺、材料、设备，从技术创新角度防治质量缺陷。通过样板引路明确质量标准，设置三大样板，检验设计，反馈缺陷，定施工流程、定施工标准、定材料，实现整体质量标准化。

项目部在现场办公区附近设置结构样板展示区、工序样板展示区、交付样板展示区，以期对工程质量做到事前控制、统一标准，提高工程质量的整体水平。根据施工进度，在一项工序施工前，提前30天制作样板展示验收。

项目部成立实测实量小组，包括1名小组组长（质量总监）、10名小组成员（测量员、施工员、质检员），由项目生产经理直接管理，专职进行实测实量工作，并配合业主、监理单位进行每周模拟评估，对项目实测实量工作进行检查考核。

项目结合实际情况和第三方评估体系，有侧重点、有针对性地预见项目实施过程中的质量风险，形成《质量风险项识别与评价清单》，对重大质量风险项进行特别管控。

（5）方案优化

坚持“空间换时间”原则，充分利用工作面，实时开展穿插，有效缩短工期，创造工期效益。合理配置资源，减少劳动力、材料的浪费，减少大量管理费和设备、物资租赁费用，过程优化，降低措施费，节约成本。一体化施工、“两图融合”、样板引路、质量风险项等系列措施落地实施，有效提升项目工程质量，降低维修风险，减少维修费用。

8.2 广联达数字建筑研发大厦数字化精益建造案例

8.2.1 工程概况

广联达（西安）数字建筑产品研发基地大厦项目地处西安市明光路以西，北三环以南，紧邻交通主干道（南临北三环、东临明光路）。工程占地面积20亩，总建筑面积66278m^2，其中地下3层，建筑面积2万多平方米；地上12层，建筑面积4万m^2，框剪结构。历时3年打造完成，是广联达科技股份有限公司自建自营的数字建筑样板，是在数字建筑领域的又一次具有示范效应的实践。

广联达（西安）数字建筑产品研发基地是一幢集绿色、节能、健康、智能于一身的数字研发大楼。大楼外观整体色调以砖红色与科技灰为主，兼具科技感与设计感，内部配套自动化智能办公设备，满足员工日常工作、休闲等个性化需求，利用太阳能等可再生能源系统做到建筑能源的自制化，实现绿色节能，以实际行动助力国家“双碳”目标的行动方案。

8.2.2 工程绿色低碳功能

该项目除室外屋顶常规绿化外，还采用了室内立体绿化，形成了生态中庭，而生态中庭是项目极具特色的景观之一。通过采用海绵技术为绿植提供合适的湿度、温度及水，为其长期存活提供根本保障，使四季皆有绿色，实现建筑绿色共享化。

采用太阳能光伏板、太阳能热水、热回收系统、防噪遮阳系统等，实现使能变创能、性能变节能、价格变价值，做到了建筑能源的自制化。

建有室内跑道、健身空间、共享空间等设备设施，实现了建筑健康的服务化，让工作变生活、休息变休闲、场地变环境、空间变共享，为每一个广联达人提供“家”一样的办公环境。

此外，设置900个单控灯光星光报告厅、车位自助智能充电、可电动升降办公工位、自助健康检测机器人等诸多智能的设备，实现了建筑智能的感知化，使办公环境更加便捷与高效。

富有特色的节能设计和智能化设计，使得广联达（西安）数字建筑产品研发基地融入诸多科技元素，作为新型数字建筑样板工程，该工程已成为西安醒目的新地标建筑。

8.2.3 实施方案

广联达将多年建设项目管理实践经验与数字建筑理念、IPD交付模式、精益建造思想、BIM等数字化技术相结合，涵盖项目的全过程、全要素、全参与方，利用数字化、在线化、智能化技术支撑的创新组织、生产和数字化应用交付模式为建设理念，实现了集成交付模式、精益建造及数字建造平台应用三方面的有效创新，最终实现工业级品质交付。项目建设目标为：打造数字建筑标杆，引领行业创新示范。

该项目定位为：一是研发创新中心，进行数字建筑产品研发；二是生态共享中心，实现数字建筑生态伙伴共享；三是示范展示中心，作为数字建筑样板展示，向行业展示最新数字化应用成果。

该项目围绕"绿色、节能、健康、智能、地标"，运用BIM技术和数字化管理平台贯穿设计、施工与运维阶段，解决工程重难点，减少资源浪费，加快施工进度，提高成本管控能力，实现各参与方协同交流，节省沟通成本，提升沟通效率，致力于打造"数字化精益建造"样板工程，力争实现"鲁班奖""长安杯""绿建三星"等目标。

8.2.4 数字化精益建造实践过程

广联达在数字建筑产品研发基地项目建造过程中，创造性地实践数字建造精益方法、数字化集成交付模式及数字建筑软件工具平台的探索，深入探讨了怎样通过系统性的数字化建设实现"数字建筑"的目标，为建筑业数字化转型提供可供参考的路径。

1. 实施数字化集成交付模式

在项目建设过程中，广联达创造性实践数字化集成交付模式（Integrated Product Development，IPD），实现"一个共同团队、一个项目计划、一套业务流程、一套作业标准、一套唯一数据、一套赋能平台"六个统一闭环管理，解决了建筑业生产和组织割裂、效率低下问题，解决了项目参与方争端和博弈。

采用IPD项目集成交付模式彻底打破多方博弈的项目模式，建立信息互通、利益共享、风险共担的IPD项目管理团队，以协作共赢思维，将项目各参与方从组织、利益、管理多方面进行集成，实现项目全寿命期的利益最大化。各方基于让项目成功的一致目标，在创造项目价值最大化的基础上，进行合理的价值分配。

在项目推进过程中，广联达坚持以工程项目建造成功为目标，以先进的管理引领、科学的方法运用、领先的技术支撑，通过全面的能力整合，为项目建造成功赋能。让每个工程项目建造成功，涉及管理模式、实现方法、支撑手段3个层面，分别代表着集成化管理、精益化建造和数字化应用。这一新建造体系，需要项目管理能力、资源整合能力、知识应用能力的集成，以平台运营的方式服务于每个工程项目。基于项目实践成果，通过系统化梳理，形成数字建造的总体框架。

2. 实施工序级数字化精益建造

在工程建造过程中，借鉴制造业经验，引入精益建造理念，实践工序级数字化精益建造方法。基于工序最小管理单元，对影响项目成功的进度、成本、质量、安全、环境五要素进行精益管理。

（1）实现深化设计到构件级，“图纸模型”细化到构件，满足及时出图。

（2）通过计划排程到末位级，时间精确到小时（甚至分钟），任务执行最小到工序，工序拆分到小时级，落实到班组。

（3）施工生产实现自动实现分级计划排程，关键路线快速分析；项目排程交付工序达21000个，建立了680个工序标准。

（4）目前100%的工序任务有明确作业标准，建成后建筑将达到工业级品质。同时，以工作面为基础，以施工工序为最小交集，实现多业务集成管理，实现工序可执行、工序可计量、工序可验收。基于工序级的质量验收，任务驱动、闭环管理，将工序施工提升到工业制造的精度。

（5）将线上数字虚拟建造与线下精益实体建造相结合，致力于实施数字孪生、虚实联动的数字化建造。通过数据驱动的精益建造，达到进度动态优化、费用及时支付、质量零缺陷、安全零事故（图8–7）。

3. 实施数字驱动的智能管理

广联达坚持以数字化平台为支撑，研发整合了多款数字建造平台、系统和工具，实现设计施工一体、现场工厂一体、虚体实体一体等，以及塔式起重机等智能监测、智能安全帽等智慧工地的一系列智能化设施设备及软硬件应用，实现数字驱

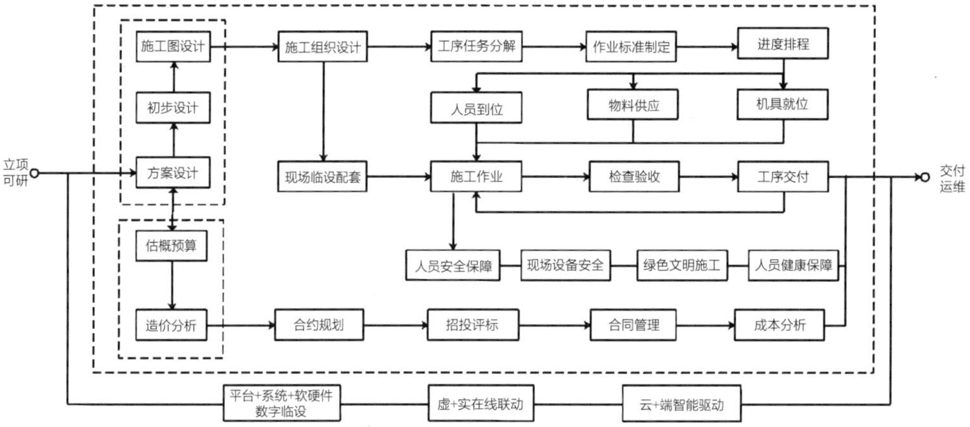

图8-7 数字化精益建造全景图

动的智能管理与数字建造。据悉，项目建设过程中，节点级深化设计图纸将工艺工法、BIM分解模型生成二维码，挂接于图纸，先后完成支护、集水井、钢筋、钢结构、机电、屋面、幕墙、精装、设备间等深化，出具A3节点图4000余张，有效解决专业交叉与集成问题。

此外，广联达在项目落地实践过程中研发整合了多款数字建造平台、系统和工具，实现了设计施工一体、现场工厂一体、虚体实体一体等，并实践了塔式起重机等智能监测、智能安全帽等智慧工地的一系列智能化设施设备及软硬件应用，全程采用BIM等数字化技术赋能智能管理与数字建造，为我国建筑行业数字化转型探索高质量发展之路。

数字建造基础平台实现集成管理：建立以项目为核心多方参与的管理机制，实现以项目为核心的“人—项—企”集成。

数字建造应用系统协同各项工作：通过整合各个应用系统，保证各项工作能够在应用系统中协同进行。

数字建造软硬件工具为项目提效：应用5大类30余种软件和硬件，有效提升专业技术工作和项目数据采集效率，提高数字化、智能化管理水平。

4. 实施一体化建造

数字孪生与精益建造有效融合是工程目标实现的关键。基于数字孪生的工业化建造，出现数字和物理两条生产线，数字生产线可实现智能化的生产调度、物流调度、施工调度，物理生产线可实现对人员、机械、材料等各要素的实施感知、分析、决策和智能施工作业，让“工厂和现场一体化”，从而实现价值最大化、浪费最小化目标。

广联达基于数字孪生与精益建造，实现钢筋一体化、幕墙一体化、模板一体化、支吊架一体化、精装一体化、实测实量一体化，落地数字驱动的精益建造模式。以钢筋一体化为例，从GTJ软件算量模型、钢筋云翻样模型到钢筋配料单、智能自动加工、二维码跟踪统计一体化管理，使箍筋加工效率提升4倍，拉钩加工效率提升20倍，钢筋后台人员减少一半，材料用量化准度提升。再例如幕墙一体化，实现从幕墙模型建立、幕墙工艺模型建立到加工图转换输出、工业化加工、现场装配一体化管理，综合进度提升60%以上，施工质量显著提升。

8.2.5　数字化精益建造应用场景

广联达数字建筑产品研发基地项目数字化精益建造的主要应用场景包括数字化精益设计、数字化精益施工、智慧化工地管理、厂场一体化智能加工。

1. 数字化精益设计方面

以建筑产品需求为导向，以投资限额为基准，实施最高性价比的设计：全专业集成设计，一体化出图，建筑结构设计与其他各专业设计协同穿插，同步设计与方案优化，通过各级生成的各专业设计模型进行一体化出图，最终实现集成设计图模交付。全过程模拟分析，优化方案，总包及各专业单位提前介入，施工设计与专业设计协同穿插，建筑方案、施工方案、投资方案的模拟分析与优化。设计施工一体化，协同管理，基于施工现场条件，设计与施工单位通过BIM制定最终优化方案，并共同进行管线综合，优化层高，有效工序搭接，避免返工与减少变更。

2. 数字化精益施工方面

通过计划排程到末位级、时间精确到小时、任务执行最小到工序，“图纸模型”细化到构件的工业化手段实现精益建造。数字孪生实现了对人员、机械、材料、环境等各要素的实时感知、分析、决策和智能执行。末位计划与任务管理，引入工序级精益建造管理，以工作面为基础，以施工工序为最小交集，多业务集成管理，实现工序可执行、工序可计量、工序可验收。生产管理数字调度，使计划管理更加严谨可控、跟踪管控更加及时完整、生产协作更加高效便捷、分析决策更加有理有据。质量安全在线管理，责任人明确清晰，实现闭合管理，大幅度提升质量管理水平。

3. 智慧化工地管理方面

BIM+智慧工地将工地的人、机、料、法、环生产要素数据接入平台，通过项目BIM，各管理人员通过平台PC端及手机端查看项目数据，数据辅助决策并实现管理协同，构建数字工地。智能水表电表监测、智能雾化降尘、智能安全帽、AI智能识别、塔式起重机智能监测等智慧工具让施工现场管理更加直观、便捷、有效。

4. 厂场一体化智能加工方面

钢筋一体化，使箍筋加工效率提升4倍，拉钩加工效率提升20倍，钢筋后台人员减少一半。模板一体化，使柱墙质量显著提升，柱墙加固工效提升2倍，柱模拆除效率提升3倍。机电一体化，现场100%按BIM图施工，机电作业人员专业门槛降低。精装一体化，集成化工厂制作，加工精度吻合现场。幕墙一体化，综合进度提升60%以上，施工质量显著提升。

8.2.6 综合效果

依托数据驱动的BIM应用，引导项目智能化建造，精益思想指导项目精细化实施，节约投资约272万元，提升项目管理水平，丰富了精细化施工管理经验。工期缩短6.8%，管理人员投入减少5%，返工率减少80%，减少签证变更，模板、木方、混凝土、钢材等建筑材料均实现了较大节约。协同能力提升50%，降低管理人员工作强度，提高精细化工作能力。

通过BIM技术应用，广联达（西安）数字建筑产品研发基地荣获中国建筑业协会2019第四届BIM大赛设计组一等奖、龙图杯2020第九届BIM大赛二等奖、陕西省建协2019秦汉杯BIM大赛综合组一等奖等多项荣誉。

8.3 中铁六局深圳地铁14号线施工项目精益建造案例

8.3.1 工程背景

随着我国新型城镇化的快速发展，城市轨道交通日益显现出安全、快捷、大运能、绿色环保的优势，对促进城市现代化进程、缓解城市交通拥堵、引导优化城市空间布局、促进城市人口合理迁移、带动城市经济创新发挥着巨大的推动作用，以地铁为代表的城市轨道交通成为各地区城市基础设施建设的重要发展方向。根据中国城市轨道交通协会的统计数据，截至2021年12月31日，中国大陆地区累计有50个城市建成投运城市轨道线路9192.62km，其中地铁7253.73km。目前我国运营线路规模、在建线路规模和客流规模均居全球第一。

深圳地铁14号线土建三工区（三站三区间）施工项目是中铁六局进入城市轨道交通建设领域以来又一具有里程碑意义的重要项目，全线设站17座、车辆基地1座、停车场1座、主变电站4座，线路全长50.34km。工程体量大，工期紧张，地质结构复杂，技术难度高，质量要求和环保要求严，安全生产隐患多、地面交通疏解协调难度大等前所未有的特殊性，既对中铁六局地铁施工项目管理能力提出了新挑战，又将是把中铁六局地铁施工品牌效应推向新境界的机遇。

中铁六局深圳地铁14号线土建三工区施工项目部秉承“行稳致远、奋进争先”的精神，主动担当，直面挑战，抢抓机遇，针对土建三工区项目施工面临的难点问题和重点问题，建立可复制、可推广的地铁施工项目精益建造管理体系，力争把土建三工区施工项目打造成中铁六局地铁施工领域的第一品牌精品工程。

8.3.2　精益建造主要做法

精益建造是面向工程项目全寿命期，减少和消除浪费，改进工程质量，提高施工效率，缩短工期，最大限度地满足顾客需求的系统化的新型建造管理方式。与传统的工程管理方法相比，精益建造更强调面向工程项目全寿命期进行动态控制，持续改进，消除浪费，保障质量，缩短工期，实现利润最大化，把完全满足客户需求“零浪费”“零污染”“零库存”“零缺陷”“零事故”“零返工”“零窝工”作为终极目标。精益建造思想来源于精益生产原理。20世纪90年代，欧洲学者把精益生产引入工程建设领域，形成了精益建造的理论思想。精益建造理论引入中国工程建设领域后，在房屋工程建设方面取得一定的成效，但是在地铁施工项目方面尚没有成功的案例。

1. 地铁施工项目精益建造创新管理体系架构

中铁六局集团有限公司深圳市城市轨道交通14号线工程施工总承包土建三工区项目经理部（以下简称三工区项目部）代行局指挥部职能，承担深圳市城市轨道交通14号线石芽岭站、六约北站（中铁六局广州工程有限公司负责），以及四联站、石芽岭站～六约北站区间、六约北站～四联站区间、四联站～坳背站区间（中铁六局交通工程分公司负责）的对外统一协调和统筹施工生产组织。

中铁六局深圳市城市轨道交通14号线工程施工总承包土建三工区项目经理部依据三站三区间项目特点，结合深圳地方政府和股份公司的要求，在项目管理策划阶段，明确提出“精益建造、创新创效、奉献精品、献礼鹏城”的总方针，把精益建造原理创造性地应用于地铁项目施工过程，改造传统的地铁施工方式，创新项目管理模式，构建地铁施工项目精益建造管理体系的总体思路和工作计划并付诸实践，最终实现对业主方的完美履约。地铁施工项目精益建造创新管理体系的主体内容包括8个子系统（图8-8）。

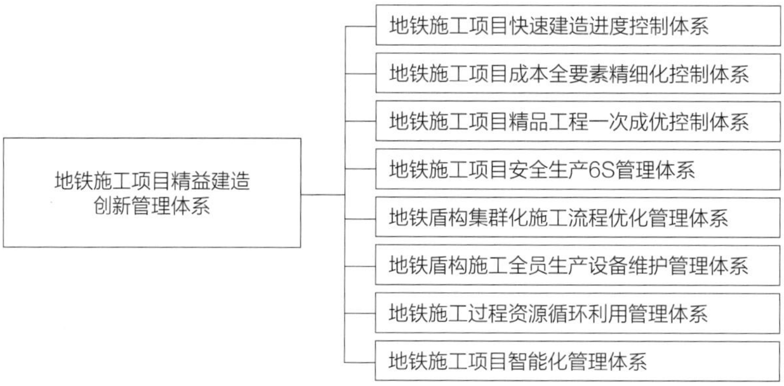

图8-8 地铁施工项目精益建造创新管理体系架构图

2. 地铁施工项目快速建造进度控制体系

深圳市城市轨道交通14号线三站三区间项目工程规模大，附属工程多。前期因办理各种开工手续而影响进场时间7个月，工期紧张。前期工程期间交织着交通疏解、管线迁改、绿化迁改、零星拆迁、围护结构及主体结构等工程施工，协调难度大。

融合末位计划方法、关键链原理和网络计划技术，结合土建三工区三站三区间施工项目的实际情况，统筹优化施工部署和施工组织，科学安排工序并行、工序交叉、工序搭接，探索模块化流水施工，系统地研究并提出地铁施工项目快速建造进度管理方法，用于指导项目快速施工进度计划的编制、实施与控制，助力于土建三工区项目施工各个节点工期目标的顺利实现。

地铁14号线车站区间线路长，且地质情况复杂，能否按期实现洞通目标是线路能否按期开通的关键。项目部主要采取的措施有以下几方面：

（1）以实现盾构尽早始发为目标，进行车站总体施工布置

统筹优化施工部署和施工组织是保障施工进度计划的前提条件。在四联站和石芽岭站增加隔墙设置，东部基坑超前施工，克服进场时间滞后的不利条件，保障四坳区间盾构顺利始发。石芽岭站采用明挖法，施工进度受制于地面交通的疏解。实施经优化的交通疏解方案后整体交通状况与原状相比保持良好状态，同时，施工进度比原计划有较大提前。

（2）每个盾构区间按末位者进度控制体系保证每个区间进度处于受控状态

实施末位者进度控制体系，强化进度计划编制和控制措施的科学性、合理性，确保区间实际施工进度的准时性。同时，优化支撑体系搭设，解决车站内部结构与盾构掘进同步施工、内部结构与铺轨同步施工的难题。

（3）以轨通为目标优化轨排井设置方案和铺轨方案

调整石芽岭站轨排井位置，四联站在东部基坑设置铺轨基地，向四坳区间、四六区间方向双向进行铺轨，与附属南侧下沉广场同步施工。附属施工与安装装修同步施工时，施工区域与安装装修独立分开设置。场地北侧为附属原材存放区、钢筋加工区，南侧为安装装修材料存放区，共用一条施工便道。

（4）以开通为目标优化附属结构施工部署

统筹优化工序搭接和并行工程有效实现快速施工。包括四联站西部基坑土方开挖与主体结构同步施工，盾构与联络通道同步施工，车站两端风亭附属优先施工。在四联站基坑北侧增设混凝土盖板以增加施工便道的宽度，解决西部基坑土方开挖和主体结构同步施工的难题。在盾构井扩大端增设三角形混凝土盖板，解决四六区间盾构施工与车站主体同步施工的难题。为保障石芽岭站右线尽快提供盾构始发及盾构出土要求，石芽岭站大里程配线区（120m）底板完成后，采用钢管立柱+工字钢主楞+工字钢次楞+盘扣式支架组成门式支架，支架上方满足主体中板施工条件，使配线区范围既可保证盾构机的正常推进又不影响主体结构施工，节约工期约6个月。

3. 地铁施工项目全要素精细化成本控制体系

土建三工区的三座车站长度1500m采用明挖法施工，三区间盾构机掘进总里程16641m，地质结构复杂，盾构需要长距离穿越硬岩施工、穿越岩溶地质施工、穿越河流施工、穿越厦深高架铁路施工，施工技术方案的成本投入较多，施工成本控制存在较大压力。

从提高全要素生产率的角度，应用价值工程原理、劳动生产原理、准时生产法、BIM技术等手段，面向影响施工成本的全生产要素，建立精细化成本控制体系，实现施工组织优化、设计优化、方案优化、工艺优化、设备配套优化，大幅度压缩供应链资源的库存量和资金占用量，提高资源循环利用率，满足施工项目的均衡生产要求，力保成本控制目标的实现。采取的具体措施如下：

（1）构建多方主体全要素成本控制责任体系

以精益建造思想为指导，以信息共享平台为基础，以工程设计、采购、施工等阶段的生产活动和工作流程为核心，以价值工程、BIM技术、拉动式生产等技术等为手段，建设单位、监理单位、总承包单位、设计单位、施工分包单位、设备材料供应商、劳务作业人员共同参与，构建多方主体全要素成本控制责任体系（图8-9）。对整个施工生产过程进行价值流分析，找出浪费的源头，不断消除浪费，并进行持续改进，实现施工项目成本最小化。

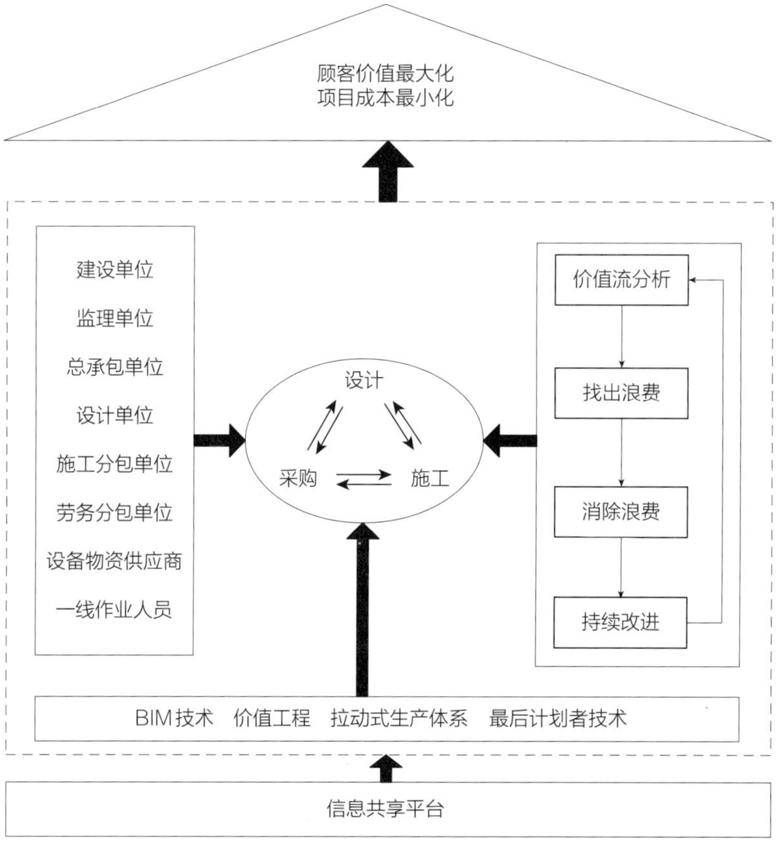

图8-9　全要素精细化成本控制体系框架图

（2）聚焦采购阶段成本控制重点

在采购阶段，采购管理工作量巨大，涉及采购方式、分包商和供应商的选择与管理、材料的库存管理、供应链管理等内容。要确定最理想的采购方案，根据施工需要准时供应当前施工工序所需的物资材料、半成品、设备等，同时压缩物资材料堆积存放和保管时间。应用全要素精益建造的思想，在满足资源供应的同时，使物资设备材料的保管存放数量为最佳，所存放的物资材料处于周转状态，不占用库存，不造成过多的堆积。

（3）抓实施工阶段成本控制要点

施工阶段的成本控制对工程项目的成本影响最大，技术交底的准确度、测量放线的准确度、施工工序安排的合理性、盾构设备的工作状态都会影响工程项目的成本。盾构施工涉及的施工设备类型较大，施工工序复杂，一旦出现安装不准确、不符合要求等问题，就会造成成本的增加。采用标准化的操作规范，增加施工现场标准化程度，减少施工过程中成本浪费；使用看板管理、BIM技术增加现场管理的可视化程度，将成本浪费问题摆在所有参与人员看得见的位置，便于发现和解决成本问题。盾构掘进过程的泡沫、油脂、刀具、配件的消耗对成本的影响很大，项目部实行集中统一管理的方式。其中，自制泡沫节约成本223.825万元。

（4）高度重视成本形成的核心环节

一是成本策划。项目开工及时编制责任经营成本，在编制责任成本时充分考虑安全、质量、进度、资源配置，对项目经营成本详细策划，将安全、质量、进度、资源配置、二次经营等对成本的影响费用化和责任化。二是设计联络。初步设计深度不够，初步设计量不足，严重影响项目收入，需要紧密联系设计。通过初步设计修编，将工程所有工程量、措施等全部做足且落实在初步概算修编图纸上，从而进入概算，确保收入。三是施工图阶段通过方案比较，进行施工优化，跟踪落实施工图优化。四是对不同方案进行经济对比，通过对比选择性价比更高的方案进行实施，控制成本。五是在施工招标过程中严格控制劳务队伍分包价，控制成本。六是工程量分析对比。通过初步设计概算量、施工图设计量、实际施工量的三量对比，及时跟踪、反馈设计，达到限额设计、控制成本的目的。

4. 地铁施工项目精品工程一次成优控制体系

土建三工区的车站和区间施工质量标准要求高，股份公司也以鲁班奖和詹天佑奖为终极目标。对于地铁盾构施工的质量，如果因为质量问题出现返工或修补现象，还会影响工期和成本。如何打造精品工程，关系到中铁六局的品牌形象。

综合集成新型建造方式和全面质量管理理论，以标准化管理和技术创新为手段，以信息化技术改造传统施工管理方法，力争实现零质量事故，确保工序施工质量一次成优，切实提升工程实体质量水平，打造在全集团范围内具有示范引领效应的地铁施工项目精品工程生产线。采取的具体措施如下：

（1）建立系统化的质量保证体系

为实现工程质量创优目标，项目经理部建立各相关部门和人员在内的质量保证体系（图8-10），严格实行工程质量终身负责制。

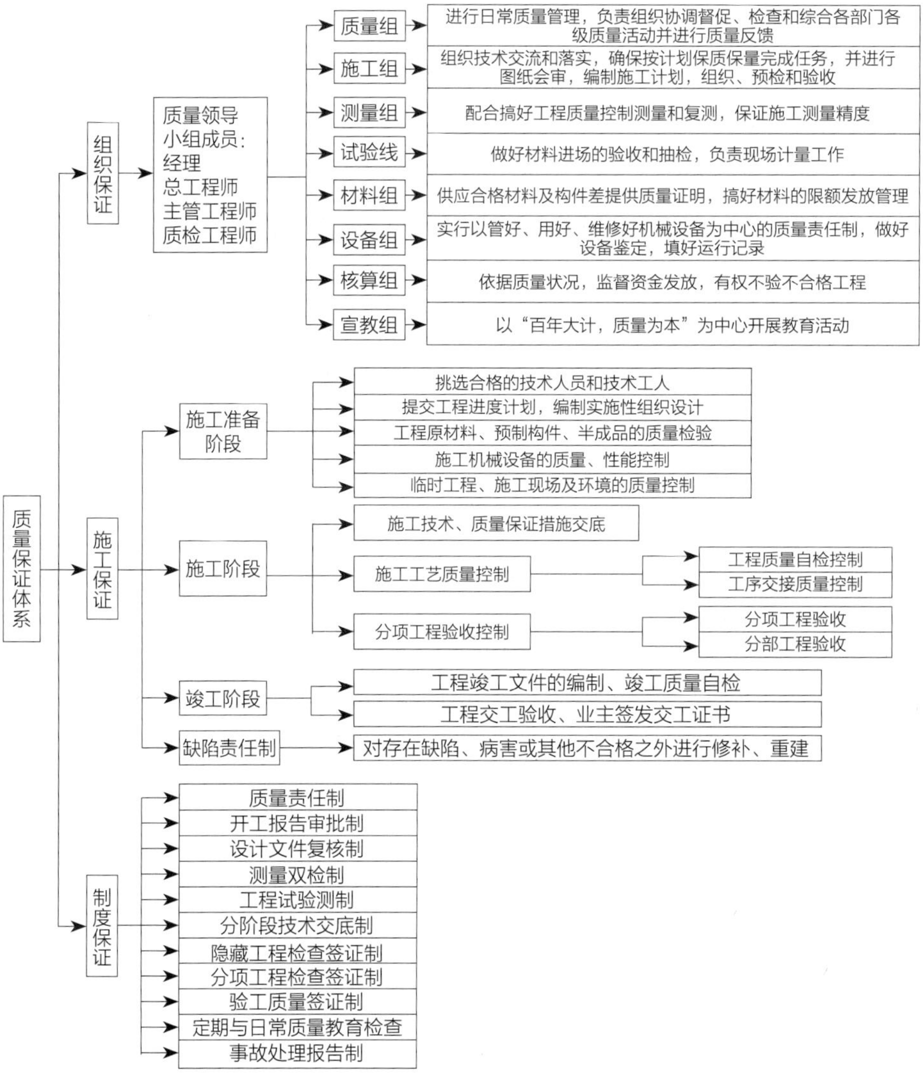

图8-10　质量保证体系示意图

（2）实行“一次成优”控制点制度

为保证项目工程一次成优，在工程开工前，分析工程的特点和性质，找出特殊过程、重点项目、关键工序，确定为“一次成优”控制点，并围绕“一次成优”控制点开展质量控制活动，杜绝返工修复。在本工程中，“一次成优”控制点见表8–1。例如，对围护体系、主体体系、盾构体系分解出各道工序，进行量化细化来分析管控，选定合理施工工艺参数，积极开展质量小组活动，重点分项工程的特殊过程设为控制重点。各工种、工艺严格按标准、工序作业，做到一次成优。在混凝土施工中重点抓好模板安装和整修打磨工艺。立模一模到顶、灌注一次到顶成活工艺。捣固人员岗前培训，固定部位，严控捣固、拆模、养生等工序质量。在防水工程中，把好材料进场关，严格做好各类隐检资料的签认，时时跟踪铺设及搭接质量。在盾构拼装过程中严格把控盾构机姿态、刀盘扭矩、千斤顶推力等各种勘探、测量数据信息。通过一系列的工序质量控制，力争实现零质量事故、零安全事故、零环保事故，确保工序施工质量一次成优，切实提升本质安全水平、工程实体质量水平和建筑产业工人队伍素质，形成具有示范引领效应的地铁施工项目精品工程生产线。

"一次成优"控制点统计表 表8-1

主要工程	重点项目	关键工序	工序分解	控制面
盾构掘进隧道工程	管片工程	管片制作及拼装	预制钢筋混凝土管片制作（预制件、模具、钢筋、混凝土）、预制钢筋混凝土管片拼装与安装	每个施工段
		管片防水	管片自防水、防水密封条安装	每个施工段
	盾构施工	盾构工作井	盾构始发工作井、盾构接受工作井、中间井	每个井
		盾构掘进施工	盾构基座设置、临时管片组装、反力架安装、盾构组装调试、盾构掘进施工、盾构拆卸、吊运管片、出渣土	每个施工段
	壁后注浆		浆液制作、注浆作业	每个施工段
	隧道防水		接缝防水、特殊部位防水	每个施工段
地铁围护体系工程	导墙施工	点位	测量、开挖、回填	每个施工段
		钢筋、模板	钢筋制作、模板安装、支撑、施工缝、变形缝	每个施工段
		混凝土	混凝土浇筑、抹面、养护	每个施工段
	地下连续墙施工	护壁	浆液制作	每个施工段
		成槽	机械场地、测量放线、垂直度、出渣土	每幅墙
		钢筋制安	钢筋制作及安放、防绕流措施	每幅墙
		地下连续墙成型	导管、混凝土浇筑	每幅墙
	围护桩（抗拔桩、立柱桩）	护壁	浆液制作	每个施工段
		成桩过程	机械场地、测量放线、垂直度、出渣土	每根桩
		钢筋制安	钢筋制作及安放、防绕流措施	每根桩
		桩基成型	导管、混凝土浇筑	每根桩
主体结构体系工程	主体部分	土方开挖	开挖方量计算、降水、测量控制及监测、支撑架设及监测、土方运输	每个施工段
		结构制作	钢筋制作安装、模板安装及拆摸、支撑拆除切割、测量放线、混凝土浇筑及养护、土方回填	每个施工段
	防水部分		材料、施工缝、变形缝、防水铺设及保护	每个施工段

5. 地铁施工项目安全生产6S管理体系

由于三站三区间项目涉及的地理区域范围广，施工环境和地质结构复杂，技术难度大，多台盾构机同步掘进，专业承包商和劳务分包单位多，因此安全生产隐患多，导致安全事故的风险因素多，安全生产管理的任务繁重。

在现有开展6S活动的基础上，突出安全生产目标要求，进一步深化6S活动内容，细化6S活动的量化标准，进一步拓展6S活动的范围和工作形式，健全考核、激励和奖惩约束，提升项目标准化建设水平。结合项目文化建设的要求，建立安全生产管理的长效机制。采取的具体措施如下：

（1）全面推进6S活动强化安全生产意识

把6S活动与现场文明施工结合起来，与现场标准化结合起来，与项目文化结合起来，与培养建筑产业工人素质结合起来，通过考核和奖惩机制，激发全体员工参加6S活动的积极性，养成良好习惯，以此提高安全生产意识和自我防范意识。截至2021年12月31日，死亡和重伤事故为零。

（2）深入开展安全生产隐患排查消除事故风险

建立安全生产管理清单，对安全生产事故隐患进行分类管理。采用上级主管部门提供的信息化平台，定期开展安全生产隐患排查，实时落实整改措施并验收销项。应用数字化、智能化装置，及时跟踪深基坑开挖、高支模施工、盾构机吊装、盾构始发与接收、下穿建筑物、盾构岩溶段施工以及管线保护等重大风险源的动态，严密监控风险因素。

6. 地铁盾构集群化施工流程优化管理体系

土建三工区项目共计投入8台盾构机进行掘进施工作业，每台盾构机始发时间、接收时间及地点皆不相同，且有大部分时间处于并行同步作业状态。如何统筹协调多台盾构机高效率集群化施工，成为确保工期、成本、质量、安全生产目标的重要环节。

在中铁六局现有的地铁盾构施工管理流程的基础上，以提高效率、降低成本为目标，基于价值流和价值链分析，重新梳理地铁盾构集群化施工管理流程，依据价值标准和效率标准，删除冗余的、不必要的工作环节，精简业务管理程序，总结提炼具有普遍意义的盾构集群化施工管理规律，并按“制度化—流程化—清单化—数据化—电子化”的思路重新设计地铁盾构施工项目文件化管理手册的表达形式，形成可复制、可推广的地铁盾构集群化施工流程管理体系。采取的具体措施如下：

（1）提前策划盾构设备选型配置

根据盾构隧道施工经验，遵循尺寸包容（尺寸链）原则、满足施工进度要求原则、设备能力等级弃小取大及保证施工安全原则、考虑实际施工环境影响原则、尽量采用现有厂家生产通用标准件原则，确定盾构配套设备的主要技术参数及完成选型。

（2）合理安排始发时间

盾构机入场时间太早，占用场地空间，影响施工；盾构机入场太晚，影响后续工期，因此盾构机适时入场十分重要。根据8台盾构机接收节点倒推出始发节点后，综合考虑是否满足准入条件的盾构机、是否经过工厂验收、是否通过专家论证、是否达到始发条件等因素，合理规划始发日期和计划入场时间。

（3）优化管理流程确保节点始发

为了保证盾构机始发节点前顺利始发，制定以下管理流程：①提早始发节点一个月确定盾构机资源，在考虑掘进里程和历时的基础上，做出租赁或者购买的决定。②盾构机资源确定后一周内，完成工厂验收和运输至现场，现场在不影响施工进度的情况下，整理出盾构机摆放的空间，如道路交通、场地大小等因素。③盾构机运至现场，可安排2名井下带班工班长、3名跟机人员和2名机电工程师负责盾构机的维保、组装、调试。④在始发前15天内完成盾构机的维保、组装、调试，并且通过专家论证会。⑤在始发前10天内盾构机的状态达到始发验收条件。

（4）掘进过程消耗材料统一配送

8台盾构机的掘进过程需要消耗大量的泡沫、油脂、刀具、配件等材料，这些耗材的使用量、种类各异，对项目成本、工期影响很大，采取集中统一管理能够有效节约成本。对于泡沫，经过技术方案和成本效益分析，采用自制方式，节省223.825万元。为保证8台盾构机每日掘进所消耗的润滑油脂、盾尾密封油脂、液压油和齿轮油的供应，将各工区所需油脂类物品集中存放至集中供应中心，并统一调配，可解决人员工作繁复、场地规整困难和记录盘点困难。4个工区预估每周掘进环数，从而提出油脂类每周用量计划，经过审核及签字手续，由集中供应中心统一发送到各区间，便于库存盘点和出场调拨，计算得出泡沫剂消耗量，从而分析有无异常。由于刀具的使用量更换量较大，加强盾构机刀具统一管理是有效地利用刀具以及对刀盘进行有效保护、降低刀具使用成本的重要保障。项目部设立刀具维修厂自行维修保养刀具，节省费用642.816万元。对于配件，实行4个工区资源共享，减少配件闲置率，减少备件的库存重复。

7. 地铁盾构施工全员生产设备维护管理体系

盾构机是地铁掘进施工的利器，盾构机良好的工作状态是实现项目工期、质量、成本目标的保障。由于三区间工程硬岩地质、溶岩地质、复杂地层及长距离穿越施工，使盾构设备性能安全状态存在较大的风险。

基于设备全寿命期理论，应用大数据分析方法，科学确定盾构设备维修周期和零部件更换周期，建立盾构机故障排查预警机制，创新定期保全、预知保全、事后保全、改良保全等设备保全方式，建立全方位、全员、全要素设备维保工作机制，以期提高盾构设备的使用效率和使用寿命，降低使用成本，创造盾构机集群化施工情境下设备管理新模式。采取的具体措施如下：

（1）建立全员设备维护制度

在常规的盾构设备管理制度的基础上，强化全员生产设备维护责任体系，把设备完好率责任由维修人员扩大到设备使用人员、设备管理人员，每一个相关的工作岗位都要承担相应的直接或间接设备维护责任。通过责任体系的运行，确保盾构设备良好的工作状态。

（2）建立盾构设备运行故障的预警机制

通过建立盾构机运行状态数据库，对各种数据进行关联性分析，构建盾构设备施工运行状态模型，并预测未来趋势，从而判定盾构设备安全运行的状态，确定盾构机维修、保养、更换配件的时间，使盾构设备始终处于正常、高效的工作负荷状态。例如，盾构掘进正常情况下盾尾油脂（泵送）平均每月每环最高值为1.2桶，但四坳区间2021年2月盾尾油脂（泵送）远超出平均数，可以判定为掘进过程中出现异常状态。

8. 地铁施工过程资源循环利用管理体系

地铁施工过程会生产较大数量的建筑垃圾。盾构掘进过程产生的渣土、废水与工艺本身有关。由于三区间的掘进工程量大，渣土和废水的排放量也很大。在施工现场，建筑垃圾不仅影响文明施工和工作环境，而且建筑垃圾的排放也有悖于生态环境保护。

按照绿色建造过程节约材料、能源、水、土地、劳动力和保护环境的要求，依据循环经济原理，选择最优化的技术路径和工艺、设备，对地铁盾构施工过程中产生的渣土、废水等建筑垃圾进行资源化处理和回收再利用，把建筑垃圾消解在施工过程，实现建筑垃圾的“零排放”或者“近零排放”。建筑垃圾“零排放”具有明显的经济效益、社会效益和环境效益，是绿色建造的基本目标和发展趋势。采取的具体措施如下：

（1）落实绿色施工和环境保护的责任措施

把绿色施工的责任和环境保护的措施落实管理部门和专业承包方劳务分包方。严格按照地方政府和上级主管部门的要求，对现场实行封闭式管理，对施工扬尘、施工噪声、废气、废水、废料按规定的标准进行监控和处置。

（2）对盾构产生的渣土、废水进行资源化循环利用

土建三工区包含石芽岭站—六约北站—四联站—坳背站区间共3个区间盾构施工渣土排放量约618700m^3，渣土排放压力大。以往盾构掘进产生的渣土只进行简单的筛分处理，随后排放、露天堆放或者填埋，虽然在项目前期在一定程度降低成本，但是对环境造成的污染是不可避免的，而且简单筛分或者直接丢弃处理会造成渣土中水、石子、黏土、砂子等可再利用资源的浪费，反而最终加大施工总成本，因此对盾构掘进产生的渣土环保化、资源化处理显得尤其重要。

土压盾构经过改良之后的流塑性渣土，含有大量的流动性泥浆，渣土含水量明显增加，运输途中很难不出现泄漏、撒落，造成运输在途的二次污染，且常规的建筑渣土处理场地很难接纳，不加以处理，只能按照工业废弃物消纳。因此，项目部采用先进的盾构渣土环保化处理系统，该系统通过合理配置渣土筛分系统，能够做到渣土环保分离，在技术层面实现真正“零排放、零污染”，处理后的粗砂、中细砂、干化泥饼和水均有巨大的资源利用价值。在地质条件合适的情况下，粗砂、中细砂可再售卖，相较于未经处理的渣土，其经济效益高，中细砂还可循环用于现场盾构注浆，中水可用于道路、车辆清洗，系统自循环，最大限度实现资源循环利用，该项措施节约成本640万元。

9. 地铁施工项目智能化管理体系

土建三工区项目规模大、周期长、工作流程烦琐，数据量庞大，利益相关方众多，不确定因素多，运用传统管理手段已经难以完成如此复杂的地铁工程建设任务，迫切需要采用先进的数字化技术，提高管理效率，加快信息化进程。

基于深圳地铁集团公司等多方主体对三工区项目所提出的信息化管理的要求，集成现有的多个平台的功能，以BIM技术应用平台为基础，融合云计算、大数据、物联网、移动技术、智能互联、虚拟现实、协同环境等新一代信息技术，构建地铁施工项目智能化管理体系，做到决策数字化、实施规范化、管控精准化、协同一体化，大幅度提高全过程优化、集成效益、可施工性、安全性、专业协同性、目标动态控制精度等级。地铁施工项目智能化管理体系能够为进度、成本、质量、安全生

产、集群管理、全员生产设备维护、资源循环利用提供技术支撑。采取的具体措施如下：

（1）集成现有平台放大系统功能

深圳地铁集团公司、上级主管单位等多方主体为三工区项目提供了多个信息化管理平台，这些平台各有专业特点，体现了管理者的使用要求。项目部在这些平台的基础上进行功能集成，使其能够辅助项目业务管理、提高管理效能。

（2）以BIM技术应用为核心构建协同管理平台

以BIM技术为基础平台，融合云计算、大数据、物联网、移动电子终端设备等先进的新一代信息化技术和手段，搭建具有协同管理功能的综合平台。以项目全过程、各职能部门及业务模块系统为对象，对合同、进度、成本、质量、安全、设备、人员、材料、物资等进行数字化管理、整合与共享，实现在线化控制，做到现有资源的优化配置、成本及风险的降低。

（3）实行基于BIM的装配式模块化流水施工

在冷水机房施工过程中，通过BIM技术搭建高精度机电设备管线模型，实现场外高精度的机房管段单元模块的预制，施工现场实现模块化拼装的装配式施工。施工现场避免电焊、切割、油漆等作业，真正实现施工现场“零加工”，着力打造装配式绿色施工示范工程。

8.3.3 实施效果

地铁施工项目精益建造管理体系具有精益化、高效化、绿色化、智能化、新型工业化的特征。地铁施工项目精益建造管理体系的实施取得明显的综合效益，提高了工区项目管理水平、创新能力、员工素质，达到了“精益建造、创新创效、完美履约”的预期效果，有力推动了精益建造方式与绿色建造、智能建造、新型工业化建造方式在中国工程建设领域的协同发展。

1. 经济效益

通过地铁施工项目精益建造管理体系的创新实践，顺利实现了土建三工区项目工期、成本、质量、安全生产、绿色施工、科技创新、人才培养的目标要求。初步估算成本节约1506.641万元。

2. 社会效益

通过地铁施工项目精益建造管理体系的实践，全面推进了“项目管理标准化、组织结构专业化、要素管控集约化、劳务队伍组织化、经营承包责任化、基础管理精细化、党建工作科学化”为主要内涵的“七化”项目管理模式的落地，形成了可复制、可推广的系统化经验，有力促进了全集团项目管理能力的提升，推动中铁六局在“进入中国中铁第一方阵”战略目标的高质量发展进程中，不断走向崭新的管理创新高度。

3. 生态效益

地铁施工项目精益建造管理体系的运行过程中，基于施工过程建筑垃圾资源化循环利用的实践，探索了在施工过程进行建筑垃圾自我消解、零排放的途径，对于寻求碳达峰碳中和目标在工程建设领域的解决方案提供了新思路。

结束语

在新科技革命和新产业革命交互发展的推动下，建筑业面临着深刻变革的巨大挑战，而建造方式的转型升级是建筑产业变革的关键。数字化、绿色化、智能化、新型建筑工业化精益化技术集成是建造方式变革的必然要求。价值最大化、成本最小化是精益建造的核心理念，也是工程建造不断追求的目标。本书的目的是分析与梳理精益建造实践、理论和经验总结，为我国建筑业实现建造方式的转型升级，实现建筑业可持续高质量发展提供理论支持。

目前，精益建造的应用已经得到广大建筑企业的认可和政府主管部门的支持，特别是一些知名的建筑企业希望借助于实施精益建造打造企业新型核心竞争优势。精益建造的发展将有力地推动建筑业转型升级和绿色低碳高质量发展。

党的二十大报告指出，高质量发展是全面建设社会主义现代化国家的首要任务。为了实现建筑业高质量发展目标，在工程投资建设领域加快推行精益建造模式势在必行。在“十四五”期间乃至更长的历史发展时期，精益建造对建筑业将产生重大而深远的影响。

一是推动建筑业建造方式变革。精益建造是一种先进的建造体系，实施精益建造符合习近平新时代中国特色社会主义思想的要求和建筑行业的发展趋势。同时，由于它本身具备完整的概念、理论与方法体系和成功的案例，不仅有利于政府制定产业政策，也有利于建筑企业推广应用，实现建筑行业建造方式的转型升级。

二是促进建筑企业提质增效。精益建造方式能够综合解决目前建筑业企业普遍存在的浪费严重、环境污染大、质量缺陷多、安全事故频发、管理效率低等诸多问题，为建筑业高质量发展提供有效的路径与方法。

三是增强建筑企业市场竞争力。精益建造有助于建筑业企业提升综合实力和核心竞争力，促进建筑企业内涵式发展，更加有力地推动“一带一路”国际市场开拓和建设。

四是高效服务于行业发展大局。精益建造对于碳达峰碳中和目标任务、建筑业数字化转型、建筑业高质量发展能够产生巨大的推动作用。

参考文献

[1] Lauri Koskela. Application of New Production Philosophy to Construction[R]. CA: Center for Integrated Facility Engineering of Civil Engineering Stanford University. 1992.

[2] Lee S H, Diekmann J E, Songer A D, et al. Identifying waste: applications of construction process analysis[C]//Proceedings of the Seventh Annual Conference of the International Group for Lean Construction. 1999: 63-72.

[3] Ballard G. The last planner system of production control[D]. Birmingham: The University of Birmingham, 2000.

[4] Halpin, D., M. Kueckmann. Lean Construction and Simulation. In Proceedings of the 2002 Winter Simulation Conference[C]//Ed. E. Yücesan, C.-H. Chen, J. L. Snowdon, and J. M. Charnes. New Jersey: Institute of Electrical and Electronics Engineers, Inc, 2002: 1697-1703.

[5] Daniel W. Halpin, Marc Kueckmann. Lean Construction and Simulation[R]. Proceedings of the 2002 Winter Simulation Conference, 2002: 1697-1703.

[6] Ballard, G. Lean project delivery system [EB/OL]. Lean, Construction Institute, http://www.leanconstruction.org, 2004, 5, 15.

[7] Eric Israel Antillon. A Resarch Synthesis on the Interface Between Lean Construction and Safety Management[D]. University of Colorado, 2010

[8] Gideon Francois Jacobs. Review of Lean Construction Conference Proceedings and Relationship to the TOYOTA Production System Framework[D]. Colorado State University, 2010.

[9] Seong Kyun Cho. The Relation between Lean Construction and Performance in the Korean Construction Industry[D]. Berkeley. University of California, 2011.

[10] ZHU Kongguo, LI Shuquan. Study on the Cooperation and Credit Mechanism of Lean Construction[R]. International Conference on MultiMedia and Information Technology, 2008: 476-479.

[11] Zhang Dongsheng, ChenLi. The Research on the Construction of Lean Project Culture[N]. IEEE, 2010: 100-104.

[12] Qi Shenjun, Ding Lieyun, Luo Hanbin. Study on Integration and Management System of Schedule in Large Complex Construction Engineering Projects Based on Lean Construction[R]. International Forum on Information Technology and Applications, 2010: 237-240.

[13] 冯仕章，刘伊生. 精益建造的理论体系研究[J]. 项目管理经济技术，2008（3）：18-23.

[14] 张超晖. 让精益建造成为“善建者”的梦——关于精益建造的几点思考[J]. 中国科技信息，2013（12）：64-71.

[15] 黄宇，高尚. 关于中国建筑业实施精益建造的思考[J]. 施工技术，2011（353）：93-95.

[16] 王雪青，孟海涛，邴兴国. 在高等教育中开展精益建造教育[J]. 北京理工大学学报：社会科学版，2008（6）：109-112.

[17] 张梅，姜楠. 浅谈精益思想与建筑施工企业管理的结合[J]. 安徽建筑，2012（6）：229-230.

[18] 包剑剑，苏振民，王先华. IPD模式下基于BIM的精益建造实施研究[J]. 科技管理研究，2013（3）：219-223.

[19] 于新强，刘淳. 浅谈精益建造体系在工程中的应用[J]. 城市建设理论研究，2012（10）：1-3.

[20] 徐奇升，苏振民，金少军. IPD模式下精益建造关键技术与BIM的集成应用[J]. 建筑经济，2012（5）：90-93.

[21] 徐新，杨高升. 基于LPS的工程项目绩效提升研究—以某DB房建项目为例[J]. 项目管理技术，2011（12）：77-81.

[22] 葛欣. 基于精益建造的房地产开发项目质量管理[J]. 合作经济与科技，2011（9）：54-56.

[23] 陈曼英，祁神军. 基于精益建造的建筑施工企业流程动态重组[N]. 孝感学院学报，2012（2）：97-100.

[24] 林陵娜，苏振民，王先华. 基于精益建造的施工安全隐患的识别与控制模型[N]. 工业安全与环保，2012（1）：66-70.

[25] 赵彬，牛博生，王友群. 建筑业中精益建造与BIM技术的交互应用[N]. 工程管理学报，2011（5）：482-486.

[26] 刘艳，陆惠民. 精益建造体系下可持续建设项目管理研究[N]. 工程管理学报，2010（8）：432-436.

[27] 肖烨，苏振民. 可持续发展理念在建筑业应用的研究[J]. 经济师，2012（5）：282-284.

[28] 韩美贵，王卓甫，金德智．面向精益建造的最后计划者系统研究综述[J]．系统工程理论与实践，2012（4）：721-730.

[29] JohanIsen Jamil. The Integration of Lean Construction and Sustainable Construction：A Stakeholder Perspective in Analyzing Sustainable Lean Construction Strategies in Malaysia[J]. Procedia Computer Science, 2012(100), 634-643.

[30] Matti Tauriainen, Pasi Marttinen, Bhargav Dave, Lauri Koskela. The Effects of BIM and Lean Construction on Design Management Practices[J]. Procedia Engineering, 2016(164), 567-574.

[31] Kim Laila, Park M. Examining the interaction between lean and sustainability principles in the management process of AEC industry[J]. Ain Shams Engineering Journal, 2016(12), 126-135.

[32] 牛占文，褚菲，张洪亮．基于因子分析的生产过程维度下精益实施能力分析及评价研究[J]．科学学与科学技术管理，2011（9）：111-116.

[33] 孙礼源．基于FANP的工程项目精益能力分析[J]．项目管理技术，2015（2）：37-40.

[34] 陈礼靖，佘健俊，李梅．基于AHP-GRAP模型的建筑业企业精益建造能力评价研究[J]．施工技术，2015（6）：67-70.

[35] 孙卫光．基于GA-BP神经网络的精益生产实施能力评价研究与应用[D]．重庆大学，2015.

[36] Lauri Koskela, Application of the New Production Philosophy to Construction[D]. Stanford University, 1992.

[37] 刘春．基于精益建造的施工项目成本管理研究[J]．中国建设信息化，2017（8）：70-71.

[38] 刘春．基于价值链理论的精益建造适用性分析[J]．建设科技，2017（17）：88-90.

[39] 韩美贵，王卓甫，施珺．面向精益建造的最后计划者系统动力学模型[J]．系统工程，2016（6）：119-127.

[40] 王宣村．6S管理在建筑企业安全管理中的应用[J]．施工技术，2010（S1）：439-441.

[41] Remon Fayek Aziz, Sherif Mohamed Hafez, Applying lean thinking in construction and performance improvement[J]. Alexandria Engineering Journal, 2013(52), 679-695.

[42] Piotr Nowotarski, Jerzy Pasławski, Jakub Matyja, Improving Construction Processes Using Lean Management Methodologies-Cost Case Study[J]. Procedia Engineering, 2016(161), 1037-1042.

[43] Ahmad Huzaimi Abd Jamil, Mohamad Syazli Fathi. The Integration of Lean Construction and Sustainable Construction: A Stakeholder Perspective in Analyzing Sustainable Lean Construction Strategies in Malaysia[J]. Procedia Computer Science, 2016(100), 634-643.

[44] 顾宁宁. 基于精益建造的绿色施工管理模式研究[D]. 南京工业大学，2013.

[45] 刘春. 施工项目精益建造能力影响因素分析——基于DEMATEL方法[J]. 工程经济，2017（9）：33-37.

[46] 高玲，潘郁，潘芳. 基于精益价值链的建筑企业精益成本管理研究[J]. 会计之友，2016（17）：100-103.

[47] 郭晓霞，刘彬. 建筑工程项目决策阶段集成管理研究[J]. 建筑经济，2007（12）：4-7.

[48] 雷彩丽，周晶，何洁. 大型工程项目决策复杂性分析与决策过程研究[J]. 项目管理技术，2011，19（1）：18-22.

[49] 尤完，马荣全，崔楠. 工程项目全要素精益建造供应链研究[J]. 项目管理技术，2016（7）：63-69.

[50] 郭玉莹，刘全. 基于KanBIM的施工现场可视化管理研究[J]. 项目管理技术，2016（12）：74-79.

[51] 尤完，肖绪文. 中国绿色建造发展路径与趋势研究[J]. 建筑经济，2016（2）：5-8.

[52] 黄恒振. 基于BIM与精益建造的工程进度管理研究[J]. 项目管理技术，2016（7）：58-62.

[53] 尤完，袁裕财. 精益建造方法在常熟电厂引水隧道工程中的应用[J]. 项目管理技术，2015（3）：61-64.

[54] 方俊，龚越，陈旭辉. 基于BIM技术的施工总承包项目精益建造模式研究[J]. 建筑经济，2016（8）：33-36.

[55] Xavier Brioso. Teaching Lean Construction: Pontifical Catholic University of Peru Training Course in Lean Project & Construction Management[J]. Procedia Engineering, 2015(123), 85-93.

[56] 周建晶. 基于BIM的装配式建筑精益建造研究[J]. 建筑经济，2021，42（3）：41-46.

[57] 苏康，张锦华，张传龙，陈涛，李波. 装配式住宅的精益建造实施分析[J]. 常州工学院学报，2020，33（6）：14-19+55.

[58] 陈旭等. BIM与精益建造技术的融合应用[J]. 施工技术，2020，49（21）：55-57.

[59] 孟子博，牛占文，刘超超. 预制构件厂精益设计方案评价研究[J]. 工业工程，2020，23（5）：140-148.

[60] 李天新，李忠富，李丽红，李龙. 基于LC-BIM的装配式建筑建造流程管理研究[J]. 建筑经济，2020，41（7）：38-42.

[61] 陈敬武，班立杰. 基于建筑信息模型促进装配式建筑精益建造的精益管理模式[J]. 科技管理研究，2020，40（10）：196-205.

[62] 任慧军. 基于EPC管理模式的精益建造探索——以物流仓储类项目为例[J]. 施工企业管理，2020（5）：33-35.

[63] 吕莹，苏振民. 基于Vico系统的精益施工进度计划与控制研究[J]. 建筑经济，2019，40（11）：38-44.

[64] 刘锦章. 加快推进智慧建造发展[J]. 建筑，2019（9）：23-24.

[65] 夏晓辉，苏振民，金少军. 基于活性系统模型的精益施工项目协同组织研究[J]. 建筑经济，2019，40（4）：57-62.

[66] 贺灵童. 不只是精益——BIM与精益建造[J]. 工程质量，2014，32（2）：23-25.

[67] 赵金煜，尤完. 基于BIM的工程项目精益建造管理[J]. 项目管理技术，2015，（4）：65-70.

[68] 杨玮. 精益建造与大数据深度融合打造全产业链建设新模式[J]. 中国勘察设计，2018，（8）：45-47.

[69] 肖毅. 特色精益文化建设实践与创新[J]. 社会观察，2017，（3）：98-99.

[70] 余庆泽，毛为慧，饶志平，陈冰峰. 智能制造企业精益管理与精益文化体系探析[J]. 合作经济与科技，2021，（14）：111-113.

[71] 吴涛，王秀兰，陈立军，尤完. 建筑产业现代化背景下新型建造方式与项目管理创新研究[M]. 北京：中国建筑工业出版社，2018.

[72] 肖绪文，吴涛，贾宏俊，尤完. 建筑业绿色发展与项目治理体系创新研究[M]. 北京：中国建筑工业出版社，2022.